U0425462

长白山野生鸟类图鉴

周树林　主编

中国林业出版社
CFPH China Forestry Publishing House

图书在版编目（CIP）数据

长白山野生鸟类图鉴 / 周树林主编 . -- 北京 : 中国林业出版社 , 2021.11

ISBN 978-7-5219-1371-2

Ⅰ . ①长… Ⅱ . ①周… Ⅲ . ①长白山—野生动物—鸟类—图集 Ⅳ . ① Q959.708-64

中国版本图书馆 CIP 数据核字 (2021) 第 200852 号

责任编辑：刘开运　张　健

出版：中国林业出版社（100009 北京西城区德胜门内大街刘海胡同 7 号）

E-mail：377406220@qq.com 电话：010-83143520

发行：中国林业出版社总发行

印刷：北京雅昌艺术印刷有限公司

印次：2021 年 11 月第 1 版第 1 次

开本：889mm × 1194mm　1/16

印张：23.25

字数：480 千字

定价：298.00 元

《长白山野生鸟类图鉴》编委会

张正旺教授（右）正在为本书主编周树林（左）审阅样稿。

作者简介

周树林，1966年9月生，吉林白山人。毕业于东北林业大学，正高级工程师。1989年参加工作，就职于白山市林业局。自幼喜欢野生动物，近10年来，尤其喜欢生态摄影艺术，摄影作品多次在国内摄影大赛中获奖，在图书报刊等媒体发表摄影作品多幅，发表、刊登学术论文、诗词、报道50余篇。2014—2016年，被选派到新疆阿勒泰地区援疆3年，在援疆工作期间，拍摄和编辑了《布尔津常见野鸟》。

序

长白山是我国东北地区的一座名山，也是一座世界驰名的“物种基因库”和“天然博物馆”。这里的鸟类丰富多样，垂直分布显著，是开展科学研究的理想地点。自上个世纪中叶起，我国著名鸟类学家傅桐生教授、高玮教授、赵正阶研究员在此地开展了长期的生态研究工作，发表了一系列论文，至今仍被学术界引用。我也曾多次到长白山考察，那里美丽的山水、茂密的森林以及富有特色的鸟类，给我留下了深刻印象。

今年春季，经中国林业出版社编审刘开运先生引荐，我认识了吉林省白山市林业局的周树林先生。得知他在援疆期间，曾亲自拍摄和编辑了《布尔津常见野鸟》，成为当地林业部门的内部工作资料。最近 10 年来，周先生开始拍摄长白山区的鸟类，为观察、拍摄和救护鸟类付出了许多心血。

周树林先生热爱观鸟、拍鸟和研究鸟类，虽属业余爱好、半路出家，但在交流中我发现他对东北地区鸟类的认识和研究深度几乎达到了专业水平。他主编的这部《长白山野生鸟类图鉴》，以系统、准确的图文形式，记述了长白山区分布的鸟类的形态特征，并区分了雌、雄，精确到亚种，作为一本地域级别的鸟类图书，实属难能可贵。其做事态度之严谨、钻研知识之认真，给我留下了深刻的印象。他曾经这样说：我有个梦想，趁自己身体尚好，在有生之年，应尽力为社会、为后人做点儿事。他的这个高尚的梦想感动着我。因此当他提出请我为这本书写个序时，我毫不犹豫地答应了下来。

《长白山野生鸟类图鉴》共收录野生鸟类 326 种，是迄今为止收录最全的一部以摄影图片形式展示长白山鸟类特征的工具书。全书图片清晰，画面生动，版式新颖。我相信，该书的出版对普及鸟类知识、壮大观鸟和爱鸟队伍、促进鸟类保护事业具有重要的推动作用。同时，该书的出版，对长白山区鸟类资源的保护管理和科学研究具有重要参考价值。

保护鸟类就是保护人类自己。我希望越来越多的人能够关注生态，爱护鸟类，建设美丽中国。最后，对《长白山野生鸟类图鉴》的出版，向周树林等先生表示衷心祝贺！希望社会各界携起手来，保护生物多样性，使我们的家园变得更加和谐、美好，愿我们的生活环境永远莺歌燕舞、鸟语花香。

中国动物学会副理事长

北京师范大学教授、博士生导师

2021 年 9 月 7 日

前　言

长白山是闻名世界的名山，它像一条玉龙，呈东北至西南走向，绵亘在中国东北边陲。这里有景色瑰丽的天池云海，星罗棋布的龙湾温泉，源远流长的三江碧水，遮天蔽日的茫茫林海，举世罕见的垂直分布，不仅是我国北方鸟类的乐园，还是候鸟迁徙的重要通道，形成了长白山鸟类分布的独有特色，一直为国内外博物学家所瞩目。

长白山区的鸟类属于古北界东北区长白山亚区长白山省（长白山动物群），早在清康熙年间（1667 年），清政府就对长白山生物资源包括鸟类资源做过调查。其后，英国、俄国、美国、日本也相继对长白山的动植物资源进行了考察，但是真正广泛而深入的调查研究，是从上个世纪 50 年代开始的。

1959 年开始，以我国著名鸟类学家、东北师范大学傅桐生教授为代表，结合吉林省动植物资源普查，对长白山鸟类做了全面调查，对 264 种（另 4 亚种）鸟类的特征、习性、种群等因子做了系统研究，于 1984 年出版了《长白山鸟类》，图例为手绘黑白线描图。

1962 年开始，以著名鸟类专家、长白山自然保护区赵正阶研究员为代表，先后历时 20 余年，对长白山主峰的西坡、南坡、北坡，即白山地区、通化地区和延边地区的长白山鸟类进行了综合性地调查研究，采集了大量标本，收录长白山鸟类 277 种（另 11 亚种），于 1985 年出版了《长白山鸟类志》，图例亦为手绘黑白线描图。

2006 年，著名鸟类学家、东北师范大学博士生导师高玮教授等通过 40 余年的考察研究，出版了《中国东北地区鸟类及其生态学研究》，收录长白山区鸟类 297 种。

近年来，随着分子生物技术在鸟类分类中的广泛应用，世界鸟类分类的目、科、属、种、亚种的关系发生了变化，原有图书文献已不能满足时代发展的需要，亟待更新。随着国家对野生动物的宣传和保护力度不断加大，全社会对野生鸟类的关注和保护意识逐年提高，数码技术的飞速发展，摄影器材的广泛普及，人们探索自然的积极性不断高涨，喜欢观鸟和拍摄鸟类的人数急剧增多，但真正懂鸟和识鸟的人却寥若星辰。之前手绘版本的识鸟图册色彩真实度受到局限，有的还是黑白的，根本无法展示鸟类的真实面貌。虽然也有摄影版本，但画质粗糙，清晰度不佳，满足不了人们快速准确鉴别鸟种的需求；识图软件虽然便捷，但是误差较大。为了给长白山区的野生鸟类管理工作者、广大观鸟爱好者、教育部门提供一部专属于本区域的工具书，方便鸟类识别，普及鸟类知识，用影像的力量唤起社会对野保工作的关注和热爱，用科普的力量推动生态文明的发展和社会进步，促进长白山区生物多样性保护工作迈出新步伐。我们经过近 10 年的准备，在中国共产党成立100周年这个历史节点上，编著了《长白山野生鸟类图鉴》，为党的百年华诞献礼。

该书以摄影图片为主，每种鸟选用图片3~5幅，有飞版、有静版，有的还选用了雏鸟、幼鸟、亚成体、繁殖羽、非繁殖羽等各种不同时期的图片，充分而真实地展示鸟类各种特征，对鸟类的形态特征、雌雄鉴别、亚种区分、生态习性、种群分布、迁徙路线、体长大小、迁徙时间、居留情况、保护级别等因子进行了综合概述。书中给出了每个鸟种的中文名、学名、英文名及亚种名（全国只有一个亚种的除外）。为方便读者查阅，后附中文名索引和学名索引。全书共收录长白山野生鸟类326种，另13个亚种，分属于游禽、涉禽、陆禽、猛禽、攀禽、鸣禽6个生态类群21目64科，其中留鸟66种，候鸟288种，夏候鸟178种，冬候鸟18种，旅鸟94种，迷鸟2种。国家一级重点保护鸟类20种，国家二级重点保护鸟类63种。是迄今为止长白山区鸟类种类收集最全、图片内容最丰富的集艺术价值与实用价值于一体的工具书。个别鸟种如黑琴鸡、乌林鸮、花尾榛鸡等在长白山区很难拍到，为便于读者识读，保证图片质量，部分图片拍摄于长白山以外地区，但亚种全部与长白山区相同。地域级别鸟类图书精确到亚种，走在了全国同级别前列，填补了长白山区鸟类图书的空白。发现新记录鸟类9种，为长白山林区的生物多样性保护做出了积极贡献。

本书图片主要来源于周树林、孙晓明、马立明、谷国强、贾晓刚、柳明洙等，同时得到张德松、郑洪梅、王弼正、白俭华、赵劲戈、杨恩成、宋海波、黄泉杰、姜权、宋惠东、李兆辉、秦建民、胡振宏等全国一百余位生态摄影精英的无私帮助。目录排序和种类界定本着北京师范大学博士生导师、我国著名鸟类学者张正旺教授的思路，以郑光美院士《中国鸟类分类与分布名录（第三版）》为基础，结合《中国观鸟年报 - 中国鸟类名录8.0（2020）》、傅桐生、赵正阶、高玮等专家学者的文献记载以及编者和民间观鸟爱好者的记录。

本书的鸟种鉴别得到了辽宁孙晓明、谷国强，陕西关克，新疆邢睿等鸟类专家和张正旺教授、中山大学刘阳教授等全国权威鸟类学者的无私帮助。本书在出版过程中，张正旺教授、刘阳教授、吉林省鸟类专家于国海、国内鸟类专家聂延秋、中国鸟网总版主段文科等提出了宝贵的指导意见。另外，东北师范大学博士生导师王海涛教授提供了宝贵的资料信息，前辈专家朴龙国以及王艳霞、裴光亮、张卫东、李令坤、贾宝林、宋孟河、李清峰等同道好友提供了宝贵的鸟类居留信息，谷雪搜集了相关资料，孙海伦参与了文稿编辑。对以上为本书出版提供无私帮助和大力支持的各位专家、各位老师、各位朋友，一并致以诚挚感谢！由于水平有限，时间紧迫，疏漏和不当之处，恳请批评指正！

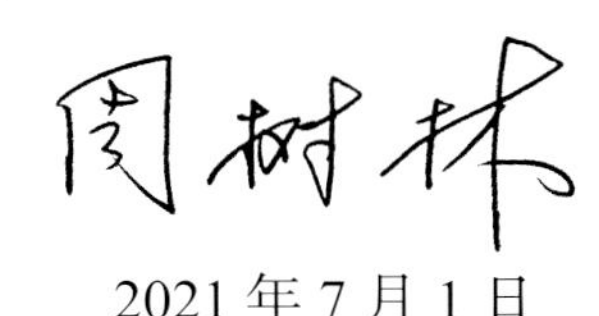

2021年7月1日

目　录

涉禽篇

陆 禽 篇

猛 禽 篇

攀 禽 篇

鸣 禽 篇

总　论

本书所述的长白山区位于吉林省东部，处于北纬 40°51′~44°31′、东经 125°15′~131°19′，包括延边朝鲜族自治州、白山市和通化市的全部辖区。东部与俄罗斯毗邻，北部与黑龙江省接壤，西邻吉林市、辽源市，南接辽宁省，东南部与朝鲜隔鸭绿江、图们江相望。总面积约 8 万 km^2。

长白山北起张广才岭，向西南延至通化与柳河交界的龙岗山脉以东的广大地区，由长白山脉及其支脉为主所组成。除长白山主体外，还有龙岗山脉、老岭山脉、张广才岭、牡丹岭、哈尔巴岭、大黑岭、高丽岭、老爷岭、土门岭等支脉。

长白山主脉位于和龙、安图、长白、抚松、临江、江源、靖宇等县市区境内，地势较高，海拔多在 1000m 以上，并为大面积的玄武岩所覆盖，部分地方保存着熔岩台地地貌。长白山主峰高峻，最高峰为白云峰，海拔 2691m，为东北地区最高峰。山顶有火山湖“天池”，北有缺口，为第二松花江的发源地；鸭绿江、图们江为中朝两国界河，均发源于长白山脉，分流南北。长白山脉向北延至哈尔巴岭以东地区，因受图们江水系切割，形成了周围高、中间低的盆地，四周山地海拔 600~800m，河谷低地则降到 200m 左右，珲春盆地最低海拔仅 80m；张广才岭与哈尔巴岭之间为牡丹江上游谷地，相对起伏不大，切割不深，呈高原盆地状；浑江与鸭绿江之间为老岭，浑江以西为龙岗山脉，均为海拔 1000m 左右的山地；局部河谷平原及缓坡地大部分垦为农田，其余为大面积的天然次生林、阔叶林以及部分原始森林和人工林。

长白山区河流较多，仅长度在 30km 以上的河流就有 100 多条，水利资源丰富，给水鸟的栖息繁衍创造了良好的条件。由于受地形影响，河网稠密，以长白山主峰为中心，松花江、图们江、鸭绿江三大水系呈放射状流向北、东、西三个方向。河流的上游地带，山高林密，坡度较陡，多瀑布河流，清澈湍急。

长白山是我国典型的火山地貌，山体由熔岩高原、台地和火山锥体三部分构成，它在古老的结晶片岩基底上，覆盖着深厚的玄武岩层，形成了一个宽广而平缓的台地和高山景观。

长白山山势雄伟，原始森林茂密，林相整齐，结构复杂，生物多样性丰富。随着地势逐渐增高，受气温、土壤、水文、生物等因素的综合影响，植被和鸟类均呈明显的垂直分布。

（一）阔叶林带生境及鸟类

该林带海拔 400~800m，属丘陵地区。本带系原生针阔混交林被砍伐后的次生阔叶林和人工林。山谷、缓坡地带多被垦田，距村屯一定距离地区存有蒙古栎树、香树、白桦、辽椴、赛黑桦等次生阔叶林及黄花落叶松、红松等人工林。此外还有鸭绿江、松花江、图们江及其支流水域。该带气候温和，原始森林早已被破坏，人为活动较为频繁，有居民点，农田、沼泽、灌丛，次生阔叶林及人工林，河流水域，山岩石壁 5 种生境。优势鸟种为麻雀，常见鸟种有家燕、金腰燕、白鹡鸰、灰头鹀、黄喉鹀、黄眉鹀、长尾雀、灰椋鸟、黑眉苇莺、东方大苇莺、东亚石䳭、环颈雉、秧鸡类、鹑类、鹬类、柳莺类、蝗莺类、斑嘴鸭、绿头鸭、鹭类、鸥类、鹡鹨类、灰背鸫、白眉姬鹟、大山雀、沼泽山雀、岩鸽、白腹蓝鹟等。

（二）针阔混交林带生境及鸟类

该林带海拔 800~1100m，位于山前熔岩台地，地势平缓，伸延着一些大的河谷、溪流和洼地。该带气候温和、雨量充沛，土壤肥沃，是长白山区典型的植被带，由于它是阔叶林带和针叶林带之间的过渡带，原始森林显著，森林茂密，林相整齐，物种繁多，自然资源丰富，生态环境多样，许多珍贵动植物种类多分布于此。红松是该带的代表树种，另有黄花落叶松、长白松（美人松）、东北红豆杉，阔叶树种色木槭、春榆较多见，另有紫椴、山杨、香杨、白桦、硕桦、紫花槭、青楷槭、花楸树、水曲柳、黄檗、胡桃楸、鼠李等。层次分明、森林茂密的林分结构，为鸟类的栖息繁衍营造了良好的生态环境。该带鸟种最为丰富，它们分别栖息于居民点、红松阔叶混交林、山杨白桦次生林、山岩石壁、河流及次生林、沼泽及灌丛 6 种主要生境。优势鸟种有普通䴓、大山雀、长尾雀、麻雀、家燕、灰头鹀等，常见鸟种有金腰燕、白眉姬鹟、巨嘴柳莺、黄喉鹀、鹗类、鹰类、山雀类、啄木鸟类、欧亚旋木雀、蓝歌鸲、矶鹬、灰鹡鸰、红胁蓝尾鸲、普通翠鸟、鹪鹩、褐河乌、灰喜鹊、栗耳鹀、红尾伯劳、远东树莺等。除多数为古北界鸟类外，一些东洋界的种类，如三宝鸟、黑枕黄鹂、赤翡翠、鸳鸯、中华秋沙鸭等仅出现于该带。栖息繁殖于该带的鸟类占整个长白山鸟类的 80% 以上。

（三）针叶林带生境及鸟类

该林带海拔 1100~1800m，位于倾斜熔岩高原，该带云雾较多，湿度较大，树木高大，林相整齐，林分组成以针叶树为主，主要有红松、臭冷杉、长白鱼鳞云杉、黄花落叶松、红皮云杉等，多呈混生状态。阔叶树多呈被压抑状态，主要有青楷槭、花楷槭，亦有少量紫椴、青杨、白桦、山杨、色木槭、硕桦等。林下灌木层不发达。

针叶林带由于林木高大，气候冷湿，栖息繁殖于该带的鸟类多以古北界鸟类为主，该带主要分红松云冷杉林、山杨白桦次生林、山岩石壁、沿河及次生林 4 种生境，优势鸟种有黄腰柳莺、淡脚柳莺、褐头山雀、蓝歌鸲、灰头鹀等，常见鸟种有星鸦、红胁蓝尾鸲、鸲姬鹟、北灰鹟、白腹蓝鹟、黑头䴓、普通䴓、巨嘴柳莺、煤山雀、大山雀、灰鹡鸰、鹪鹩、花尾榛鸡、白腰雨燕等。

（四）岳桦林带生境及鸟类

该林带海拔1800~2100m，位于火山锥体下部。该带气候寒冷，降水多，湿度大，风力强。林分组成单纯，以岳桦为主，林木稀疏、矮曲、丛生，林内混生少量的东北赤杨、鱼鳞云杉、臭冷杉和黄花落叶松，灌木主要有牛皮杜鹃、笃斯越橘、松毛翠、苞叶杜鹃、毛毡杜鹃、西伯利亚刺柏、刺参、东亚仙女木等，草本植物茂密，在裸露的岩石上生长着种类较多的地衣。

由于岳桦林带气候寒冷，林木稀疏，栖息繁殖于该带的鸟类较少。本带主要生境类型是岳桦林，优势鸟种为树鹨、红胁蓝尾鸲等，常见鸟种有鹪鹩、大嘴乌鸦等。

（五）高山苔原带生境及鸟类

该林带海拔2100~2691m，位于火山锥体的中上部，气候严寒，降水量大，常年多大风，气温变化大。植物分布向上逐渐稀疏，种类减少，植株低矮，呈匍匐状和垫状生长，多年生，根系发达，主要植物有笃斯越橘、松毛翠、苞叶杜鹃、东亚仙女木、圆叶柳、珠芽蓼、高山龙胆、长白米努草、长白虎耳草、小山菊等。在裸露的岩石上生有高山石蕊等种类繁多的地衣。

本带的生境主要是苔原，栖息繁殖在该带的鸟类很少，树鹨数量较多，其次是领岩鹨、白腰雨燕和红胁蓝尾鸲。

长白山区位置示意图

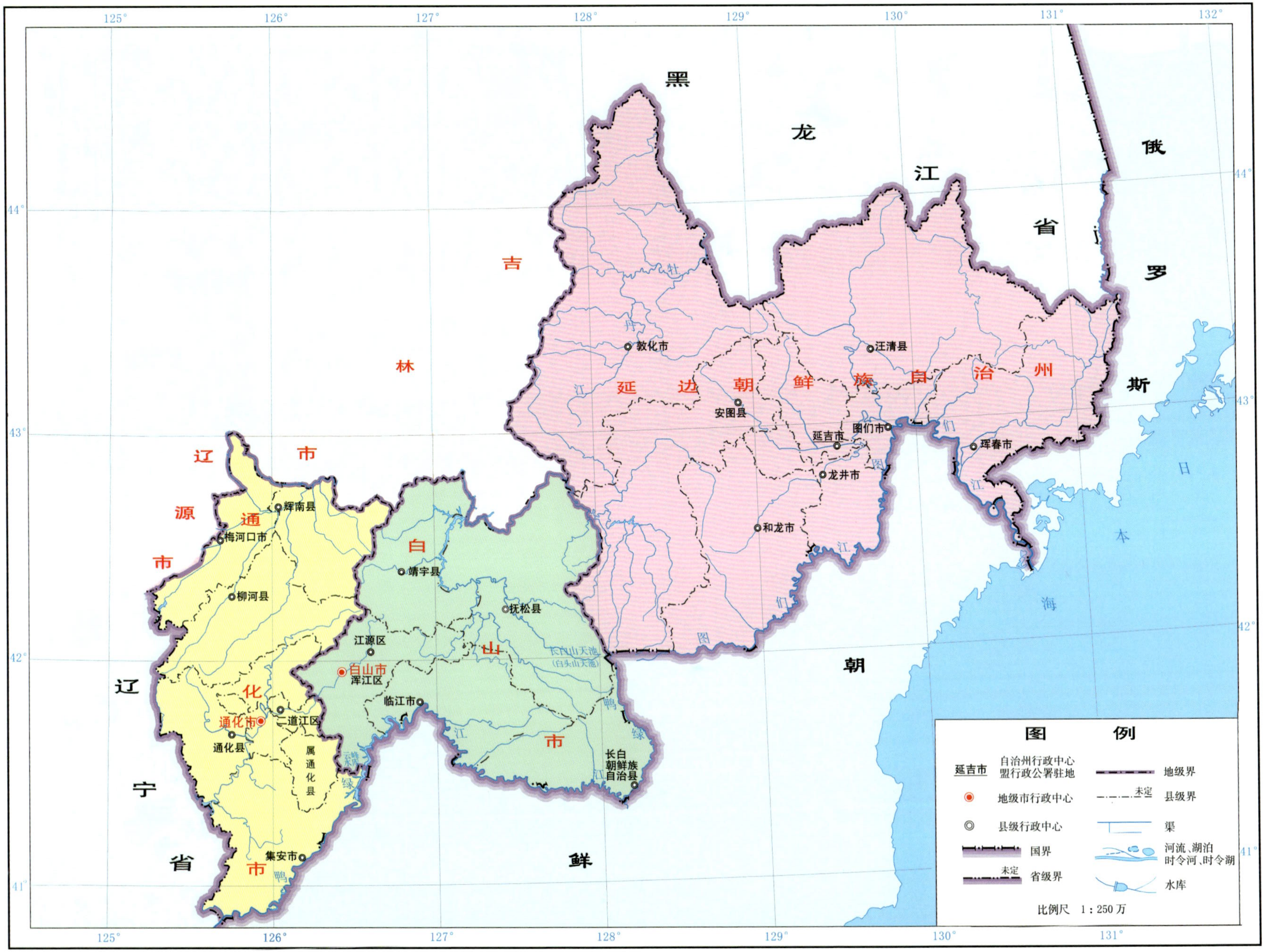

黑龙江省
俄罗斯
吉林
延边朝鲜族自治州
敦化市
汪清县
安图县
图们市
延吉市
珲春市
龙井市
和龙市
日本海
朝鲜
辽源市
通化市
辉南县
梅河口市
柳河县
通化县
二道江区
属通化县
集安市
白山市
靖宇县
抚松县
江源区
浑江区
临江市
长白山天池（白头山天池）
长白朝鲜族自治县
辽宁省
图例
延吉市 自治州行政中心 盟行政公署驻地
地级市行政中心
县级行政中心
国界
未定 省级界
地级界
未定 县级界
渠
河流、湖泊 时令河、时令湖
水库
比例尺 1：250万

鸟类身体部位示意图

（引自刘阳、陈水华《中国鸟类观察手册》）

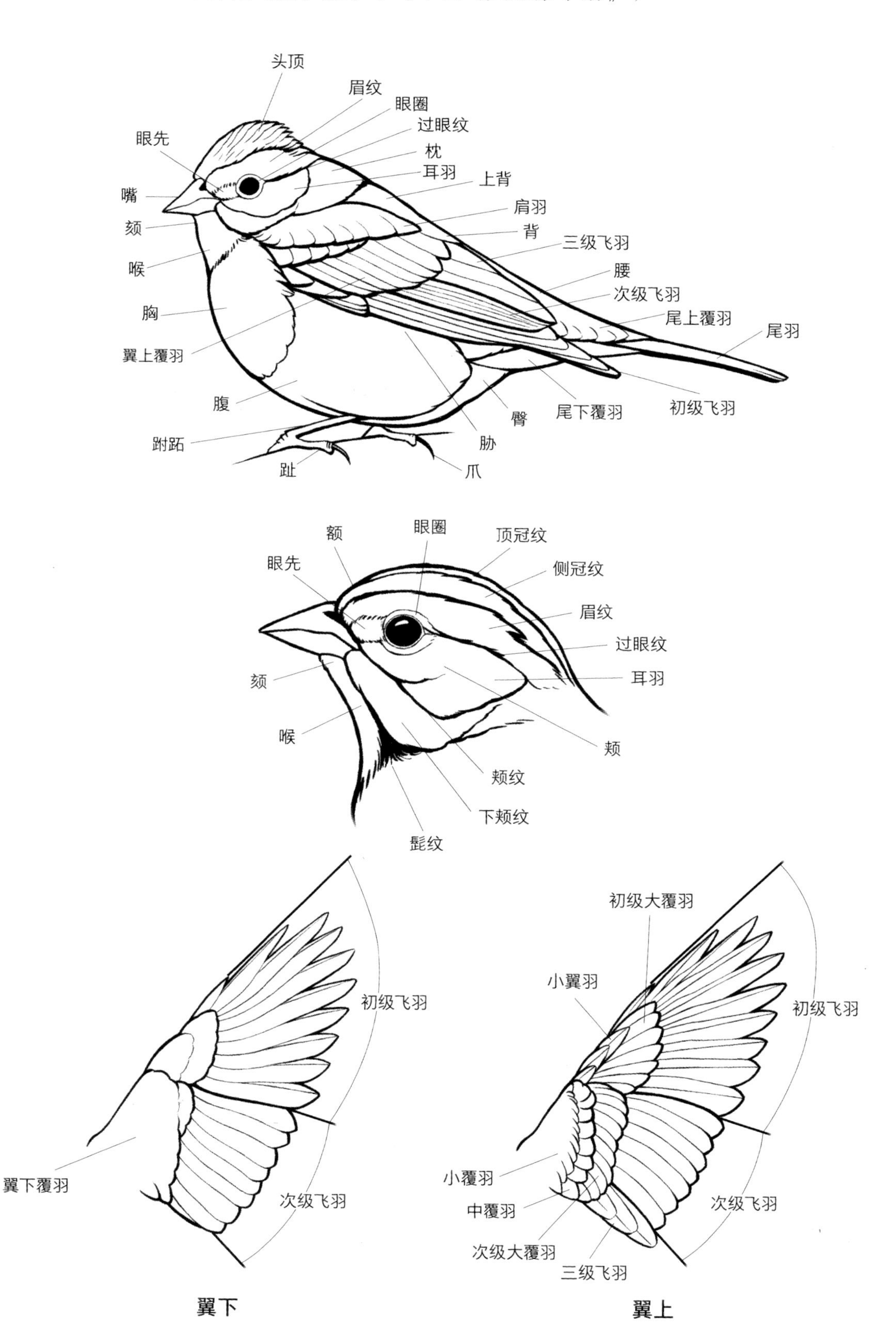

观鸟常用名词解释

◆耳羽：外耳孔周围的羽毛。

◆过眼纹：又称贯眼纹，穿过眼睛的条状纹。

◆眼圈：眼周的羽毛，通常是浅色的。

◆胁部：鸟类身体两侧部分。

◆眼先：眼睛和嘴之间的裸露区域。

◆上背：上背的羽毛。

◆翼指：鸟类飞翔时突出的像人手指的外侧飞羽。在猛禽里可以通过翼指来识别其种类。

◆翼镜：鸟类的次级飞羽以及邻近的大覆羽常具金属光泽的羽毛，与其他飞羽和覆羽的颜色不同。

◆初级飞羽：着生在“手部”（腕骨、掌骨和指骨）的飞羽，通常 9 ~ 12 枚。

◆次级飞羽：着生在“前臂”（尺骨）上的飞羽，通常 10 或 20 枚。

◆三级飞羽：翅膀内侧最靠近身体的一列飞羽。

◆肩羽：鸟类在合拢翅膀停栖时翅膀面的一列羽毛。

◆尾羽：长在尾踪骨的正羽，通常 10 或 12 枚。

◆眉纹：鸟类眼眶上面的羽毛跟周围羽毛色不同而形成的条状纹。

◆跗跖：由部分跗骨和部分跖骨愈合并延长而成，通常不被羽，表皮角质化，呈鳞片状。

◆尾下覆羽：尾羽下覆盖的羽毛。

◆尾上覆羽：尾羽背侧覆盖的羽毛。

◆翅上覆羽：飞羽上面覆盖的羽毛。

◆小翼羽：鸟类第一枚指骨上生长的短小而坚韧的羽毛，在飞行中打开可以起到增大阻力的作用。

◆臀部：尾羽下方的区域。

◆翅斑：翅膀上面排成条状的、与周围颜色不同的区域。

◆繁殖羽：一些鸟类在繁殖期换上的非常鲜艳的羽色，特别是很多雄鸟具有漂亮的饰羽。

◆非繁殖羽：非繁殖期的羽色，通常比较暗淡。但一些鸟类繁殖期与非繁殖期的羽色相差不多。

◆换羽：鸟类脱落旧的羽毛而换上新的羽毛的过程。

◆色型：因为遗传差异，同种鸟类不同成年个体具有不同的羽色类型。

◆暗色型：鸟类黑色素表达增多，部分或全部羽色过于发黑的现象。

◆蜡膜：鸠鸽类、猛禽等鸟类鼻孔周围的裸皮。

◆偶见鸟：不常出现在一个地区的鸟种。

◆留鸟：一年四季停留于一个地区的鸟种，不做长距离迁徙。

◆夏候鸟：仅在夏季出现于某个地区的繁殖鸟种。

◆冬候鸟：仅在冬季出现于某个地区的鸟种。

◆旅鸟：仅在春秋迁徙季节经过某个地区的鸟种，既不在此地越冬也不在此地繁殖。

◆迷鸟：偏离其正常分布区城，因迁徙过程中受气候或经验因素影响，导致迷路而出现在某个地区的鸟种。

◆迁徙：鸟类有规律的季节性的迁移，包括经纬度上的和海拔上的迁移。

◆扩散：鸟类在出生地与首次繁殖地或者两次繁殖地之间的位移。

◆引入物种：在自然情况下不分布于某地区，经人为引入到该地区，包括笼养逃逸或者放生等原因而在野外被记录到的物种。有些引入物种会在野外繁殖，建立野化种群。

◆特有物种：仅在一个国家或者地区分布的物种。

◆杂交个体：两个不同物种的后代。

◆雏鸟：鸟类出壳后尚未换上正羽的阶段，全身裸露或仅被绒羽。

◆幼鸟：雏鸟首次换上正羽（稚羽）后至首次换羽（稚后换羽）前的阶段，无繁殖能力。

◆亚成鸟：幼鸟在首次换羽之后至换上成羽之前的过渡阶段，无繁殖能力，通常数周到数年。有些类群，如猛禽、鸡类，常常要经历数年的亚成鸟阶段，每一年亚成鸟的羽色都不同。

◆未成年鸟：泛指鸟类换上正羽后至换上成羽之前的生长阶段，包括幼鸟和亚成鸟。

◆成鸟：具备繁殖能力且羽色基本稳定的鸟类。

◆早成鸟：雏鸟出壳时全身已经长满绒羽，羽毛一干即可随父母觅食和活动的鸟类。

◆晚成鸟：雏鸟出壳时全身几乎无羽毛，眼睛未睁开，无法离巢活动，需要父母喂食才能存活的鸟类。

◆游禽：爪间具蹼，擅长游泳或者潜水的鸟类，包括雁鸭类、潜鸟类、鸊鷉类、鸬鹚类等。

◆涉禽：具有“颈长、嘴长、腿长”的特点，常在浅水区域活动的鸟类，包括鸻鹬、鹤类、鹭类等。

◆陆禽：足强健，如鸡形目、鸽形目等擅长在地面奔走的鸟类。

◆猛禽：掠食型或者食腐性鸟类，通常具有锐利的嘴和爪，包括鹰类、隼类、鸮类。

◆攀禽：脚趾的排列为非典型性，脚趾常两前两后或者四个脚趾向前，或者虽然为常态足，但是趾基部存在并联的鸟类。

◆鸣禽：雀形目鸟类，体型较小，具有发达的鸣管和鸣肌而擅长鸣叫的鸟类。

◆海洋鸟类：在海洋或者海岛上生活的鸟类。由于很少靠岸，所以很难观测到。

◆爆发式出现：冬季一些分布在寒带的鸟类（山雀类、雀类）突然集大群觅食迁移的现象。

◆泰加林：又称寒温带针叶林或北方针叶林，广泛分布在北半球寒温带大陆，在中国主要分布于内蒙古大兴安岭北部和新疆阿勒泰地区。

◆泰加林带：是指从北极苔原南界树木线开始向南延伸1000多千米宽的北方塔形针叶林带，为水平地带性植被，是世界上最大的、独具北极寒区生态环境的森林带类型。泰加林带主要由耐寒的针叶乔木组成森林植被类型，主要的树种是云杉、冷杉、落叶松等，且往往是单一树种的纯林。

◆古北界：世界陆地动物地理（包括鸟类）六大区系之一，包括全部欧洲、北回归线以北的非洲和阿拉伯、喜马拉雅山和秦岭山脉以北的亚洲、亚欧大陆附近的岛屿等动物区系。在国内从动物区划上包括东北区、华北区和蒙新区。

◆东洋界：世界陆地动物地理（包括鸟类）六大区系之一，是指热带与亚热带亚洲及其附近岛屿的动物区系。在国内动物区划上包括华中区、华南区和华西区。

◆我国古北界与东洋界的界线：一般自西向东依次以喜马拉雅山脉、横断山脉、秦岭和淮河为界线。以北为古北界，以南为东洋界。

◆中国七大地理区划：

东北——辽宁省、吉林省、黑龙江省，或东北四省（区）（包括内蒙古东部）。

华北——河北省、山西省、北京市、天津市和内蒙古自治区的大部分地区。

西北——陕西省、甘肃省、宁夏回族自治区、青海省、新疆维吾尔自治区。

华东——江苏省、浙江省、安徽省、福建省、江西省、山东省、上海市、台湾省。

华中——河南省、湖北省、湖南省。

华南——广东省（包括东沙群岛）、广西省、海南省（包括南海诸岛）、香港和澳门特区。

西南——四川省、云南省、贵州省、重庆市、西藏自治区的大部分地区以及陕西省南部（陕南地区）。

本书使用说明

所属类型 —— 猛禽篇

所属目的中文名和学名 —— 鹰形目 ACCIPITRIFORMES

所属科的中文名和学名 —— 鹰科 Accipitridae

周树林 摄

亚成鸟 / 周树林 摄

成鸟 / 周树林 摄

亚成鸟 / 周树林 摄

成鸟 / 周树林 摄

重要识别特征 —— 白色楔形尾。

形态特征：成鸟头部、上胸具浅褐色披针状羽毛，白色楔形尾。幼鸟嘴黑褐色，具不规则浅色点斑。虹膜成鸟黄色，亚成鸟褐色；嘴、脚黄色。

习性与分布：栖息活动与于湖泊、河流、海岸、岛屿及河口地区，繁殖于欧亚大陆北部和格陵兰岛，繁殖期间尤喜有高大树木的水域或森林地区的开阔湖泊与河流地带，越冬于朝鲜、日本、印度、地中海和非洲西北部。主要捕鸥鸟等水禽和小动物。在长白山区常见于延边和珲春。

鸟种中文名 —— **白尾海雕** *Haliaeetus albicilla* White-tailed Sea Eagle

体长 74~92cm　常见的旅鸟　10~11 月和 3~4 月经过　国家一级重点保护野生动物　LC（无危）

体长数据　居留类型　学名　居留时间　英文名　保护级别　受胁程度

游禽篇

◎潜鸟目　◎䴙䴘目　◎鲣鸟目　◎雁形目

游禽又称水禽，是适应于在水中游泳或潜水捕食和生活的类群，在长白山包括潜鸟目、䴙䴘目、鲣鸟目、雁形目的鸟类。

鸻形目中的鸥类，均会游泳，曾独立成目，现划归鸻形目，故随着鸻鹬类鸟一并列入涉禽。

- 游禽体羽厚而致密，绒羽发达，构成有效的保暖层。尾脂腺能分泌大量的油脂，供涂抹在羽片表面防水。
- 游禽腿短而侧扁并移至体后，趾间有发达的蹼，在游泳或潜水时，双脚直伸至尾后划动，有如船桨。在陆地行走时则十分笨拙。有的尾较短，有些种类退化成绒羽状，外观不显，如䴙䴘。
- 游禽的嘴型与其食性或捕食方式相关，有的直而尖，如潜鸟、䴙䴘；有的嘴尖具利钩，如鸬鹚；有的在嘴缘有成排锯齿，如秋沙鸭，有利于啄食鱼类并防止猎物滑脱。雁鸭类大多具有扁嘴，在嘴缘有成排的栉板，用以滤食小型水生生物。
- 游禽中善潜水捕食种类的翅膀短而圆，能在水下灵活转动身体以追击猎物，如潜鸟、䴙䴘。
- 游禽的巢比较简陋，有的甚至直接产卵在地上，如潜鸟；有的在水边地面以绒羽和草茎堆砌成巢，如雁形目鸟类；有点则以水草在水面上编织浮巢，可随水浮动，如䴙䴘。在开阔环境中，如䴙䴘、雁鸭类巢的隐蔽性和卵的保护色较差，孵卵中的雌鸟离巢时常以绒羽将卵掩盖，以减少被掠食的机会。
- 游禽中潜鸟目、雁形目的雏鸟属于早成性；䴙䴘目的雏鸟属于晚成性。
- 游禽大多在北半球繁殖，每年秋季集结成大群南迁，到比较温暖的水域越冬，至翌年春季再返回繁殖。

秦建民 摄

潜鸟目 GAVIIFORMES

潜鸟目鸟类属潜水能力极强的游禽，嘴长而尖，翅膀短而小，腿部较为粗壮，具很大的蹼。该目鸟类主要栖息于海洋，亦常见于海滨及其附近的湖泊中。主要取食鱼类、甲壳动物和软体动物等。分布较为广泛，主要在高纬度地区，有迁徙的习性。主要类群为潜鸟科。

黑喉潜鸟非繁殖羽 / 谷国强 摄

潜鸟科 Gaviidae

繁殖羽 / 孙晓明 摄

非繁殖羽 / 谷国强 摄

形态特征：体型大而颈粗，额隆起，胁部白色明显。繁殖期头至后颈灰色，喉及前颈黑绿色，颈侧及胸部具白色条纹，背部具黑白相间的格状花纹。非繁殖期头顶、后颈、背部黑褐色，从眼下至前颈白色，胁部后侧白色明显。虹膜栗红色；繁殖期嘴黑色，非繁殖期灰褐色；脚黑色。

习性与分布：栖息于海水和海滨的湖泊，善于潜水游泳，游泳时身体沉水较深，尾部紧贴水面，嘴常向上倾斜。食鱼、虾、甲壳及软体动物。全国共 2 个亚种，分布在长白山区的为北方亚种 *G.a.viridigularis*。赵正阶在长白山区于繁殖期多次见到并采集到标本，孙晓明 2011 年 6 月偶见于抚松。

黑喉潜鸟 *Gavia arctica* **Black-throated Diver**

体长 56~75cm　罕见的夏候鸟　4 月中下旬至 5 月迁来，9 月末至 10 月迁离　LC（无危）

繁殖羽 / 孙晓明 摄

非繁殖羽 / 李宗丰 摄

形态特征： 体型大而颈粗，额隆起。繁殖期头、颈黑色，具白色不封闭的纵纹颈环。背部具黑白相间的格状花纹。非繁殖期羽色淡，眼周至颈部灰白色，斑纹不显，两胁缺少白色斑块。虹膜栗红色，嘴象牙白或米黄色，脚褐色。

习性与分布： 栖息于海水和海滨的湖泊，善于潜水游泳，游泳时身体沉水较深，尾部紧贴水面，嘴常向上倾斜。食鱼、虾、甲壳类及软体动物。孙晓明 2011 年 6 月偶见于抚松。

黄嘴潜鸟 *Gavia adamsii* **Yellow-billed Diver**

体长 54~69cm　　罕见的旅鸟　　4~5 月和 9~10 月经过　　NT（近危）

䴙䴘目 PODICIPEDIFORMES

䴙䴘目鸟类为小型游禽，全身羽毛柔软密集，嘴呈锥形。喜栖息于淡水湖泊和池塘，善于游泳和潜水，飞翔能力较差，受惊吓时常贴水面飞行或潜水。食物主要为小鱼、虾、水生昆虫、软体动物和水生植物。䴙䴘目鸟类分布广泛，世界各大洲均有分布。主要类群为䴙䴘科。

小䴙䴘繁殖羽 / 周树林 摄

䴙䴘科 Podicipedidae

王和忠 摄

非繁殖羽 / 李兆辉 摄

繁殖羽 / 孙晓明 摄

亚成鸟 / 柳明洙 摄

非繁殖羽 / 郑洪梅 摄

非繁殖羽 / 贾晓刚 摄

形态特征：体型最小的䴙䴘。雌雄酷似。繁殖期颊、颈部栗红，头顶及颈、背、胸深褐色，上体褐色，下体偏灰，具明显黄色嘴斑。非繁殖期上体棕色，下体白色。虹膜黄色，嘴褐色，脚蓝灰色。

习性与分布：栖息分布于海拔 200~1100m 山区水流缓慢的河流、沼泽湿地，繁殖期常单只或成对活动，非繁殖期常结小群。善于潜水觅食，食水生昆虫及其幼虫、鱼、虾等。全国共 3 个亚种，分布在长白山区的为普通亚种 *T. r. poggei*。

小䴙䴘 *Tachybaptus ruficollis* Little Grebe

体长 26cm　常见的夏候鸟，部分留鸟　3 月末 4 月初迁来，9 月初南迁　LC（无危）

周树林 摄

赵劲戈 摄

李志君 摄

周树林 摄

贾宏光 摄

杨恩成 摄

形态特征：繁殖期上体黑色，头部具黑色羽冠，眼后具金黄色耳簇羽，胁部红褐色，非繁殖期头部无饰羽。虹膜红色；嘴黑色，略上翘；脚灰黑色。

习性与分布：栖息于海拔800m以下山涧溪流、沼泽、湖泊等有芦苇等水生植物的水域，常与鸭类和其他䴙䴘混群。善于潜水，食水生植物、鱼类、水生昆虫、软体动物等。

黑颈䴙䴘　*Podiceps nigricollis*　**Black-necked Grebe**

体长30cm　不常见的夏候鸟　4月中旬迁来，10月末11月初南迁　国家二级重点保护野生动物　LC（无危）

孙晓明 摄

马立明 摄

马立明 摄

形态特征： 雌雄酷似。繁殖期头顶至背黑色，从嘴基到枕后具似角状橙黄色羽冠与黑色头型对比延伸至脑后。前颈及两胁深栗色，上体多黑色。冬羽黑色头冠延伸到眼下，上体暗灰褐色，前颈灰色，颊、喉及下体白色。虹膜红色；嘴黑色，端部米黄色；脚灰黑色。

习性与分布： 栖息于山地丘陵、平原地区的溪流、沼泽、湖泊等水域。善于潜水，食水生植物及嫩芽等。

角鸊鷉 *Podiceps auritus* **Horned Grebe**

体长 36cm　　罕见的旅鸟　　3 月上中旬和 9 月末 10 月初经过　　国家二级重点保护野生动物　　VU（易危）

孙晓明 摄

白俭华 摄

白俭华 摄

形态特征：繁殖羽头顶略具黑色羽冠，颊、喉灰白色，前颈和颈侧栗色，头顶至背黑褐色，下体灰白色。非繁殖羽头顶黑色，头侧和喉白色，前颈灰褐色，下体白色。虹膜褐色；嘴前端黑色，基部黄色；脚灰黑色。

习性与分布：栖息于海拔 500m 以下低山带的江河、湖泊、水库等湿地，善于游泳和潜水，遇到危险习惯潜水隐藏，常单独或成对活动，偶尔结小群，性机警，多数远离岸边活动。食鱼类，也食软体动物和蛙类。国内繁殖于黑龙江，越冬于河北、福建、广东，迁徙经过吉林、辽宁。

赤颈䴙䴘 *Podiceps grisegena* **Red-necked Grebe**

体长 48~57cm　罕见的旅鸟　3 月下旬 ~ 4 月中旬和 10 月中旬经过　国家二级重点保护野生动物　LC（无危）

蔡福禄 摄

郑洪梅 摄

聂立民 摄

张德松 摄

马立明 摄

形态特征：外形优雅，颈修长，具明显的深色羽冠，上体灰褐色，下体近白色。繁殖期成鸟颈背栗色，颈具鬃毛状饰羽，脸侧白色延伸过眼，嘴长。虹膜红色；繁殖期嘴红褐色，非繁殖期嘴黄色；脚灰黑色。

习性与分布：主要栖息于海拔 800m 以下湿地水域，食鱼类，也食软体动物和蛙类。分布于海南以外地区，繁殖于北方，越冬于南方。

凤头䴙䴘 *Podiceps cristatus* Great Crested Grebe

体长 48cm　　常见的夏候鸟　　3 月上中旬迁来，11 月上中旬迁离　　LC（无危）

鲣鸟目 SULIFORMES

鲣鸟目鸟类均为中等体型游禽，嘴短钝而带钩，栖息环境多为海洋、湖泊等开阔水面，大部分种类善于飞行，主要食鱼类。部分种类会抢夺其他鸟类的食物。广泛分布于温带及亚热带的海洋及内陆。在长白山的主要类群为鸬鹚科。

普通鸬鹚 / 张德松 摄

鸬鹚科 Phalacrocoracidae

贾晓刚 摄

张德松 摄

繁殖羽 / 贾晓刚 摄

形态特征： 通体黑色，头颈具紫绿色光泽，肩和翅具青铜色光泽，嘴角和喉囊橘黄色，脸颊及喉白色，繁殖期脸部具红色斑，颈及头饰具白色丝状羽，两胁具白色斑块。亚成鸟深褐色，下体泛白。虹膜翠绿色；上嘴黑褐色且端部具锐钩，下嘴及上嘴边缘灰白色；脚黑色。

习性与分布： 栖息于河流、湖泊、池塘、沼泽区域，善潜水捕鱼，有时站在礁石上晒翅。常结成三五只小群，秋季南迁时集大群，主要以鱼为食，常被渔民用于捕鱼。全国各地均有分布。

普通鸬鹚 *Phalacrocorax carbo* **Great Cormorant**

体长 77~94cm　常见的夏候鸟　4 月中旬迁来，9 月末 10 月初南迁　LC（无危）

雁形目 ANSERIFORMES

雁形目鸟类为常见水禽，嘴多为扁平状，趾间具蹼，善游泳。栖息于各种水域，有时亦居于近水区域。

常在田野、湖泊及河流的缓流浅滩地带活动取食，食物主要以水草、藻类等植物性食物为主，也吃昆虫、贝类、鱼类等动物性食物。大多都有迁徙习性，国内大多数种类为候鸟，部分在一些内陆湖泊中繁殖，部分鸭属鸟类在长白山不冻水域为留鸟。分布十分广泛，除南极外，广泛分布于世界各地。主要类群为鸭科。

中华秋沙鸭 / 李兆辉 摄

鸭科 Anatidae

周树林 摄

亚成鸟 / 周树林 摄

胡俊杰 摄

胡俊杰 摄

形态特征： 大型游禽，雌雄酷似。雌鸟体型略小。成鸟通体雪白，亚成鸟灰白色，比小天鹅稍大。虹膜褐色；嘴黑色，基部具大片黄斑过鼻孔；脚黑色。

习性与分布： 喜栖息于开阔且水生植物丰富的浅水水域，冬季常集群活动于水生植物丰富的湖泊、河流、沼泽、水库及农田地带，有时与雁鸭类混群。食水生植物的种子、茎、叶和杂草种子，亦食昆虫和小型无脊椎动物。编者曾于 2019 年 3 月中旬见到 5 只在通化市内浑江不冻水域，逗留一周多飞离。

大天鹅 *Cygnus cygnus* Whooper Swan

体长 120~160cm　不常见的旅鸟　4 月上旬和 10 月经过　国家二级重点保护野生动物　LC（无危）

周树林 摄

周树林 摄

郑洪梅 摄

形态特征： 体型似大天鹅，但略小，雌雄酷似。成鸟通体雪白，亚成鸟灰白色。虹膜褐色；嘴黑色，基部黄斑小，不过鼻孔；脚黑色。

习性与分布： 喜栖息于开阔且水生植物丰富的浅水水域，冬季常集群活动于水生植物丰富的湖泊、河流、沼泽、水库及农田地带，有时与雁鸭类混群。食水生植物的种子、茎、叶和杂草种子，亦食昆虫和小型无脊椎动物。编者于 2019 年 4 月见 1 只于白山市内浑江星泰桥上游，居留近 10 天后离去。该种系长白山区新记录鸟种。

小天鹅 *Cygnus columbianus* **Tundra Swan**

体长 110~135cm　罕见的旅鸟　4 月上旬和 10 月经过　国家二级重点保护野生动物　LC（无危）

左雄右雌 / 孙晓明 摄

雄鸟 / 周树林 摄

雌鸟 / 胡振宏 摄

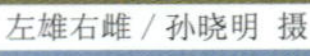

形态特征： 大型游禽，雌雄酷似。体大颈长，嘴亦长，于前额成一直线，具狭窄白线环绕嘴基。上体灰褐色，羽缘皮黄色，前颈白色，头顶及颈部红褐色，前后颈间具明显界线。胁部具褐横斑，飞羽黑色，臀近白色。虹膜褐色，嘴黑色，脚粉红色。

习性与分布： 主要栖息于多水生植物的淡水水域，非繁殖期集群栖息于草地、湖泊、河流、沼泽、农田及水库，食植物种子、根、茎、叶。编者 2019 年春季曾见 5、6 只小群觅食于白山市张家村浑江内。

鸿雁 *Anser cygnoides* Swan Goose

体长 80~94cm　不常见的旅鸟　4 月上旬和 10 月经过　国家二级重点保护野生动物　VU（易危）

张维进 摄

吴宪高 摄

孙晓明 摄

形态特征： 雌雄酷似，头、颈深褐色，肩、背灰褐色，具淡黄白色羽缘。翅上覆羽和三级飞羽灰褐色；初级覆羽黑褐色，初级和次级飞羽黑褐色，最外侧几枚飞羽外翈灰色，尾黑褐色，具白色端斑。虹膜褐色，嘴黑色具橘黄色次端斑，脚橙黄色。

习性与分布： 成群活动于近湖泊的沼泽地带和农田，性机警，不易接近，食植物嫩芽、嫩叶及植物果实和种子，也食藻类、软体动物和小鱼。国内共 2 个亚种，分布在长白山区的为中亚亚种 *A.f.middendorffii*。也用著者将短嘴豆雁两个亚种统一并在豆雁名下，合计 4 个亚种，关于亚种的分布亦有分歧。本亚种划定主要依据郑光美《中国鸟类分类与分布名录（第三版）》。

豆雁　*Anser fabalis*　Bean Goose

体长 70~89cm　　常见的旅鸟　　3 月末 4 月初和 10 月经过　　LC（无危）

周树林 摄

VEER 提供

金光星 摄

VEER 提供

VEER 提供

形态特征： 雌雄酷似，头、颈和背羽深褐色，羽缘灰白色，前额白色。胸腹部棕灰色，分布有不规则黑斑，幼鸟无横斑，嘴基亦无白纹。虹膜深褐色；嘴粉红色，基部黄色；脚橘黄色。

习性与分布： 成群栖息活动于沼泽、湖泊、河流、海岸附近，在温带农田越冬，性机警，不易接近，食植物嫩芽、根、颈、叶等。国内共 2 个亚种，分布在长白山区的为太平洋亚种 *A.a.frontalis*。

白额雁 *Anser albifrons* Greater White-fronted Goose

体长 70~85cm　常见的旅鸟　4 月和 10 月经过　国家二级重点保护野生动物　LC（无危）

胡琳 摄

周树林 摄

周树林 摄

周树林 摄

形态特征：雌雄酷似，通体灰褐色，上体灰色，胸浅褐色，尾下覆羽白色，颈和背羽深褐色，羽缘灰白色。虹膜褐色，嘴基无白色，嘴、脚粉红色。

习性与分布：与豆雁及其他雁相似。在我国北方大部分地区均有繁殖，越冬于中国中部及南部的湖泊。

灰雁 *Anser anser* **Graylag Goose**

体长 76~89cm　　不常见的旅鸟　　3 月末 4 月初和 10 月经过　　LC（无危）

左雌右雄 / 周树林 摄

雄鸟 / 周树林 摄

雌鸟 / 周树林 摄

形态特征: 雌雄相似，通体栗黄色，头顶白色染黄。雄鸟颈部具狭窄黑色颈环。飞行时白色的翅上覆羽及铜绿色飞羽对比明显。虹膜黑褐色，嘴、脚黑色。

习性与分布: 除海南以外遍及全国。繁殖于中国东北、西北地区及海拔 4600m 的青藏高原，越冬于中国中、南部，非繁殖期常结成数十只或上百只大群，多觅食于陆地和浅滩，食各种谷物、水生植物、昆虫、鱼虾、软体动物。部分在不冻水域越冬。

赤麻鸭 *Tadorna ferruginea* **Ruddy Shelduck**

体长 58~70cm　　常见的旅鸟、部分冬候鸟　　4月上旬和9月经过　　LC(无危)

于国海 摄

左雄右雌 / 孙晓明 摄

形态特征：头、颈部黑绿色，胸部具栗色横带。飞羽、腹部中央、尾羽尖端均为黑色。雄鸟额前至嘴基隆起鲜红色肉瘤，雌鸟小或阙如。虹膜褐色，嘴、脚红色。

习性与分布：除青藏高原和海南外，遍及全国。繁殖于东北、西北及华北，越冬于长江中下游和东部地区。觅食时站在浅水区，头部不停左右摆动。主要食水生无脊椎动物，亦食小型鱼虾和植物。部分在不冻水域越冬。

雌鸟 /VEER 提供

翘鼻麻鸭　*Tadorna tadoran*　Common Shelduck

体长 55~65cm　不常见的旅鸟、部分冬候鸟　4 月上旬和 9 月经过　LC（无危）

杨晓涛 摄

雄鸟 / 贾晓刚 摄

雌鸟 /VEER 提供

雄鸟 / 贾晓刚 摄

形态特征：雄鸟头、脸具黄绿相间的鲜明大条斑，胸部粉棕色具黑色斑点。雌鸟上嘴基具明显浅色圆形斑。翼镜绿色。虹膜褐色，嘴、脚灰黑色。

习性与分布：繁殖于西伯利亚北部和东部岛屿的森林苔原和泰加林湖泊。非繁殖期多集群栖息于草地、湖泊、河流等湿地，有时也到农田觅食。越冬于华东、华南部分地区，多数在韩国越冬。食植物种子、根、茎、叶及昆虫、螺等。

花脸鸭 *Sibirionetta formosa* Baikal Teal

体长 38~43cm　　常见的旅鸟　　4 月初和 10 月末经过　　国家二级重点保护野生动物　　LC（无危）

雄鸟 / 伯雪冬 摄

雌鸟 / 周树林 摄

雄鸟 / 马立明 摄

雄鸟 / 宋惠东 摄

形态特征： 繁殖期雄鸟大体灰色，头顶栗色，头侧闪绿，额基具白斑，黑白色的三级飞羽长而向下弯曲，胸、胁密布黑白色细纹；雌鸟深棕色，似赤膀鸭而头圆，翼镜墨绿。虹膜褐色，嘴黑色，脚灰黑色。

习性与分布： 繁殖于吉林、黑龙江，越冬于长江以南及东南沿海地区。栖息于湖泊、河流、沼泽地带，白天在湖边河岸休息，晨昏到浅水区域或稻田觅食，食植物种子、嫩芽。

罗纹鸭 *Mareca falcata* **Falcated Duck**

体长 46~54cm　常见的旅鸟、夏候鸟　4 月迁来，9 开始南迁　NT（近危）

胡振宏 摄

左雌右雄 /VEER 提供

左雄右雌 / 郑洪梅 摄

形态特征：雄鸟通体灰色并密布蠕虫状白色细纹，翼上中部具棕红色块斑，翼镜白色，尾部黑色。雌鸟通体黑褐色具黄褐色点斑，两胁具鳞状斑，似绿头鸭雌鸟，但翼镜白色且体型较小，腹部白色。虹膜褐色；雄鸟嘴黑色，雌鸟嘴侧面橙褐色；脚橙色。

习性与分布：栖息于淡水河流、湖泊和沼泽水域，喜多水生植物的生境，繁殖于东北北部和新疆西部，越冬于我国中、南部。全国均有分布。常与其他河鸭和潜鸭混群。食性同斑嘴鸭。

雄鸟 / 周树林 摄

赤膀鸭 *Mareca strepera* Gadwall

体长 45~57cm　常见的旅鸟、夏候鸟　3 月末 4 月初迁来，8 月下旬南迁　LC（无危）

左雄右雌 /VEER 提供

上雌下雄 / 马立明 摄

雄鸟 / 贾晓刚 摄

雄鸟 /VEER 提供

形态特征： 雄性繁殖羽头、枕部暗巧克力色，前颈白色，向上延伸至颈侧，颈修长，中央尾羽长、细如针状。雌鸟全身褐色，具黑褐色斑纹，尾较短，尾形尖。虹膜深褐色，嘴、脚蓝灰色。

习性与分布： 繁殖于东北和新疆，越冬于长江以南。性机警，遇到危险立即起飞且飞行快速。食水生植物的根、茎、种子、松藻及昆虫、螺等。

针尾鸭　*Anas acuta*　**Northern Pintail**

体长 51~76cm　常见的旅鸟　4 月初和 8 月下旬经过　LC（无危）

左雄右雌 / 郑洪梅 摄

左、中雄右雌 / 周树林 摄

雄鸟 / 周树林 摄

雌鸟

形态特征：飞行时具明显绿色翼镜，雄鸟繁殖期头部栗色，具长而宽的深绿色眼带，胸部奶油色具黑色斑点，尾下羽外缘具皮黄色斑块。雌鸟褐色斑驳，脸部干净，具黑褐色贯眼纹。虹膜褐色，嘴黑色，脚灰色。

习性与分布：繁殖于东北和新疆，越冬于长江以南和东部沿海地区。食水生植物种子、嫩叶，也到农田食谷粒，其他季节除食植物外，亦食水生昆虫、螺类、甲壳、软体动物和其他小型无脊椎动物。

绿翅鸭 *Anas crecca* Eurasian Teal

体长 34~38cm　常见的旅鸟、夏候鸟　4 月上中旬迁来，8 月下旬开始南迁　LC（无危）

郑洪梅 摄

郑洪梅 摄

周树林 摄

上雄下雌 / 周树林 摄

形态特征： 雄鸟头颈墨绿色泛金属光泽，具白色颈环，胸部栗红色，其余体羽灰色，尾上覆羽黑色且具上翘反转羽，嘴明黄色。雌鸟全身黄褐色具斑驳褐色条纹，两肋和上背具鳞状斑，有深褐色贯眼纹，翼镜蓝紫色，嘴橘黄色而染褐色。虹膜黑褐色，脚橘红色。

习性与分布： 食植物种子、茎、叶、嫩芽，亦食水生昆虫、软体动物和小鱼虾等。主要繁殖于西北、东北地区，越冬于华北中部以南的广泛区域。全国各地常见。部分在长白山不冻水域越冬。

绿头鸭　*Anas platyrhynchos*　Mallard

体长 55~70cm　极常见的夏候鸟，部分留鸟　3 月中下旬迁来，9 月下旬开始南迁　LC（无危）

周树林 摄

周树林 摄

周树林 摄

形态特征： 雌雄酷似，雌鸟羽色稍浅。身体灰褐色，羽缘棕白色；下背至尾黑褐色，翼镜蓝绿色，颊、颈部灰白色，具褐色贯眼纹和白色眉纹。虹膜褐色，嘴黑色具黄色端斑，脚橘红色。

习性与分布： 食植物种子、茎、叶、嫩芽，亦食水生昆虫、软体动物和小鱼虾等。繁殖于西北和东北，越冬中、南部。全国均有分布。

斑嘴鸭 *Anas zonorhyncha* Eastern Spot-billed Duck

体长 58~63cm　极常见的夏候鸟，部分留鸟　3 月末 4 月初迁来，8 月下旬开始南迁　LC（无危）

雄鸟 / 周树林 摄

左雄右雌 / 周树林 摄

形态特征： 雄鸟头、颈栗红色，头顶明黄色，胸部粉红色，尾下覆羽黑色，下腹乳白色，其余体羽灰白色，翼具大块灰色和白色斑，翼镜绿色。雌鸟通体棕栗色，两胁红棕色，翼镜灰褐色。虹膜黑褐色，嘴铅灰色，脚黑色。

习性与分布： 栖息于富有水生植物的开阔水域，非繁殖期常集群活动，也常与其他鸭类混群，非繁殖期长发出悠扬的鸣叫声。繁殖于东北地区，越冬于黄河以南大部分地区。

赤颈鸭 *Anas penelope* Eurasian Wigeon

体长 45~57cm　常见的旅鸟、夏候鸟　3 月末 4 月初迁来，8 月下旬南迁　LC（无危）

雄鸟 / 周树林 摄

左雌右雄 / 周树林 摄

形态特征： 雄鸟头、胸上背棕褐色，具明显宽长白色眉纹，两胁灰白色，翼镜绿色。雌鸟通体灰褐色略显暗淡，具淡白色眉纹，两胁具鳞块斑，翼镜绿褐色。虹膜栗褐色，嘴灰黑色，脚蓝灰色。

习性与分布： 栖息于河流、沼泽、湖泊等湿地，食植物种子、茎、叶，亦食小型水生动物。繁殖于新疆和东北，越冬于华南和东南沿海地区。

白眉鸭 *Spatula querquedula* Garganey

体长 37~41cm　常见的旅鸟、夏候鸟　4 月初迁来，8 月下旬南迁　LC（无危）

左、中雌右雄 / 李兆辉 摄

郭晓燕 摄

雌鸟 / 周树林 摄

郭晓燕 摄

形态特征：嘴延长而端部呈锅铲形。雄鸟头深绿色泛紫色光泽，胸白色，两胁、下腹栗红色，尾黑色，翼镜绿色。雌鸟棕褐色具鳞状斑，有深色贯眼纹，翼镜绿色。虹膜雄鸟黄色，雌鸟褐色；嘴雄鸟灰黑色，雌鸟黄褐色；脚橘红色。

习性与分布：栖息于水生植物丰富的湖泊、河流、沼泽、池塘等浅水水域，常与中小型河鸭混群。食水生动物和植物的根、茎、种子等。繁殖于我国东北和西北地区，越冬于华南大部分地区。

琵嘴鸭 *Spatula clypeata* Northern Shoveler

体长 44~52cm　　常见的旅鸟、夏候鸟　　3月末4月初迁来，10月中下旬南迁　　LC（无危）

左雄右雌 / 李兆辉 摄

雄鸟 / 马立明 摄

雄鸟 / 胡喜荣 摄

雌鸟 / 周树林 摄

形态特征：雄鸟头部栗红色，胸部黑褐色，背、两胁灰色并具蠕状细纹。雌鸟背灰色，头、胸及尾近褐色，眼后有一条浅带，眼先和下颏色浅。胸部和尾部棕色。虹膜雄鸟红色，雌鸟褐色；嘴灰色而端黑色；脚灰色。

习性与分布：栖息于水生植物丰富的湖泊、河流、沼泽、池塘等浅水水域，常与中小型河鸭混群。食水生动物和植物的根、茎、种子等。繁殖于新疆北部、东北西部，越冬于华南和长江中下游大部分地区，迁徙经过全国大部分地区。据高玮记载，在延边地区有繁殖记录。

红头潜鸭　*Aythya ferina*　Common Pochard

体长41~50cm　不常见的旅鸟、夏候鸟　3月末4月初迁来，10月中旬迁离　VU（易危）

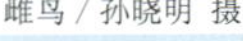
雌鸟 / 孙晓明 摄

雄鸟 / 马立明 摄

雄鸟 / 马立明 摄

雄鸟 / 孙晓明 摄

形态特征：雄鸟头、颈黑绿色闪辉，上体黑褐色，胸暗栗色，腹部、尾下覆羽白色，胁栗褐色。雌鸟头颈黑褐色，胸棕色，翼镜白色。虹膜雄鸟白色，雌鸟褐色；嘴雄鸟灰色而端黑色、雌鸟嘴基具淡色圆斑。

习性与分布：栖息于多芦苇的池塘、沼泽、湖泊等湿地，营地面巢于河流、湿地岸边，食水生植物及水生昆虫、软体动物。繁殖于东北、华北、华中地区，越冬于长江中下游至华南、台湾。在长白山区的珲春、和龙、安图、抚松、通化有繁殖记录，傅桐生等 1984 年《长白山鸟类》界定为常见夏候鸟，赵正阶 1985 年《长白山鸟类志》则界定为罕见种。近年种群急剧下降。

青头潜鸭 *Aythya baeri* Baer's Pochard

体长 42~47cm　极罕见的夏候鸟　3 月下旬迁来，9 月下旬迁离　国家一级重点保护野生动物　CR（极危）

周树林 摄

左雄右雌 / 周树林 摄

雌鸟 / 关克 摄

雄鸟 / 马立明 摄

形态特征：雄鸟除下腹、两胁及翼镜为白色外，余部黑色，且头部紫黑色闪辉，具长羽冠。雌鸟全身棕褐色，头部黑褐色，羽冠较短，似斑背潜鸭，嘴基部具白斑不如斑背潜鸭明显。虹膜黄色，嘴、脚灰色。

习性与分布：栖息于河流、湖泊等开阔水域。主要食鱼、虾、蝌蚪、软体动物，亦食水生植物及谷粒。繁殖于我国西部、东北地区，越冬于长江中下游及华东、华南地区。多数为旅鸟，安图县有繁殖记录。

凤头潜鸭　*Aythya fuligula*　**Tufted Duck**

体长 34~49cm　　常见的旅鸟、夏候鸟　　3 月末 4 月初迁来，10 月中旬迁离　　LC（无危）

雄鸟 /VEER 提供

雌鸟 /VEER 提供

雄鸟 /VEER 提供

形态特征： 雄鸟头、颈黑绿色闪辉，胸、尾黑色，胁部白色，背部具黑白色蠕虫状斑纹。雌鸟全身棕色，头深棕色，嘴基具大块白斑。虹膜雄鸟黄色，雌鸟黄褐色；嘴、脚蓝灰色。

习性与分布： 主要繁殖于北极和亚北极地区，欧亚大陆和北美大陆北部，越冬于长江流域及东南沿海地区。栖息于河流、湖泊、沼泽水域。主要食鱼、虾、甲壳类及软体动物，亦食水生植物。编者2019年5月中旬见一只雄鸟于浑江电厂江域逗留10天左右。

斑背潜鸭 *Aythya marila* **Greater Scaup**

体长42~49cm　　罕见的旅鸟　　4月初 ~ 5月中旬和10月上中旬经过　　LC(无危)

雄鸟 / 郑洪梅 摄

雌鸟 / 谷国强 摄

雄鸟 / 鲍殿武 摄

雄鸟 / 周树林 摄

形态特征：雄鸟头、胸、胁部栗色，下腹、尾下覆羽白色，余部黑褐色。雌鸟色浅，似青头潜鸭，两胁无白色。虹膜雄鸟黄白色，雌鸟深栗色；嘴黑色；脚蓝灰色。

习性与分布：主要繁殖于欧洲东部和亚洲中部，国内繁殖于西部，越冬于四川中部、长江中下游及东南沿海地区。栖息于水缓湖泊、沼泽、水库水域。常与其他潜鸭混群。主要食水生植物、藻类等植物性食物。编者 2020 年 3 月 23 日见一只雄鸟于白山市内通江桥下游，仅停留了几小时，就与其他潜鸭继续北迁了。该种系长白山区新记录鸟种。

白眼潜鸭 *Aythya nyroca* **Ferruginous Duck**

体长 33~43cm　罕见的旅鸟　3 月末经过长白山，秋季不详　NT（近危）

周树林 摄

左雄右雌 / 秦建民 摄

左雄右雌 / 伯雪冬 摄

鸳鸯跳巢 / 金光星 摄

形态特征：雄鸟繁殖羽色彩艳丽，具醒目白色眉纹、闪辉的红色颈侧饰羽及鲜明的橘红色翼帆。雌鸟通体灰色，眼后具明显的白色过眼纹。虹膜褐色；雄鸟嘴红色，雌鸟嘴灰色；脚橘黄色。

习性与分布：繁殖期多栖息于水质较好的林间溪流、池塘、湖泊、沼泽、稻田等湿地。营巢于树洞或河岸。繁殖期主要食鱼、蛙、昆虫，非繁殖期亦食植物种子、苔藓等。主要繁殖于东北地区，越冬于长江流域及华北、华南、西南地区。

鸳鸯　*Aix galericulata*　**Mandarin Duck**

体长 41~51cm　常见的夏候鸟　3 月末至 4 月迁来，9 月末 10 月初迁离　国家二级重点保护野生动物　LC（无危）

雄鸟 / 马立明 摄

左雄右雌 / 刘金彩 摄

左雄右雌 / 周树林 摄

雄鸟 / 周树林 摄

左雄右雌 / 王杰 摄

形态特征：雄鸟蓝黑、白、棕色相间，颈下、后颈侧、肩部具白色条状斑块，脸白色，似戏剧丑角脸谱，胁部栗红色。雌鸟全身棕色，腹部棕白色，脸及耳后具醒目白斑。虹膜褐色；嘴雄鸟蓝灰色，雌鸟灰褐色；脚灰褐色。

习性与分布：善潜水，不甚机警。栖息于林间溪流。营巢于树洞或石缝。很少混群。常休息于礁石，主要食鱼、蛙、昆虫等动物性食物。主要繁殖于大西洋、太平洋北部，越冬于朝鲜和日本。国内繁殖于长白山区的抚松和长白，河北、山东沿海鲜有越冬记录。之前在长白山区界定为旅鸟，据近年当地管护站人员反映，曾不止一次见到丑鸭带雏戏水，但无影片记录。

丑鸭 *Histrionicus histrionicus* Harlequin Duck

体长 38~45cm　　罕见的夏候鸟　　4月中旬迁来，9月中旬迁离　　LC（无危）

左雄右雌 / 郑洪梅 摄

孙晓明 摄

雌鸟 / 马立明 摄

雌鸟 / 马立明 摄

形态特征： 头大高耸，繁殖期雄鸟胸、腹、次级飞羽白色，嘴基具大白斑，头部黑色闪绿辉，上背黑色。雌鸟上体黑褐色，头棕色。虹膜金黄色；嘴雄鸟黑色，雌鸟黑褐色而尖端黄色；脚橘红色。

习性与分布： 主要食昆虫、鱼、蛙、蝌蚪、软体动物等水生动物。栖息于有树环绕的湖泊、池塘等湿地，繁殖于新疆北部阿勒泰地区和东北北部大兴安岭。越冬于华北以南地区。

鹊鸭 *Bucephala clangula* **Common Goldeneye**

体长 40~48cm　　不常见的旅鸟　　3 月中下旬和 10 月中旬 ~11 月中旬经过　　LC（无危）

左雄右雌 / 邢睿 摄

雌鸟 / 陈保利 摄

雄鸟 / 张国强 摄

雌鸟 / 孙晓明 摄

形态特征： 雄鸟眼睛及其白色过眼纹似逗号状，上嘴红色，边缘橘黄色，基部具黑色瘤状突起，通体黑色。雌鸟眼下有两大块白斑，通体黑褐色。虹膜雄鸟白色，雌鸟褐色；嘴雄鸟红色具黄边，雌鸟黑色；脚橘红色。

习性与分布： 频繁潜水，潜水时翅微张。主要繁殖于欧洲北部、西伯利亚北部和北美洲西北部。国内繁殖于新疆北部和东北北部，迁徙经过东北，渤海、东南沿海有越冬记录。王艳霞 2019 年 9 月 6 日见于抚松。该种系长白山区新记录鸟种。

斑脸海番鸭 *Melanitta fusca* Velvet Scoter

体长 51~58cm　　罕见的迷鸟　　LC（无危）

中雄左、右雌 / 杨恩成 摄

雄鸟 / 胡琳 摄

左雄右雌 / 于国海 摄

雌鸟 / 周树林 摄

形态特征：雄鸟眼罩、后枕、上背、胸侧及初级飞羽黑色，余部白色，两肋具灰色蠕虫状条纹。雌鸟头、上颊及后颈红棕色，下颊、颏、喉至前颈白色，余部灰色。虹膜褐色；嘴灰黑色，短而略带勾；脚灰黑色。

习性与分布：常潜水觅食，但潜水距离和时间较其他秋沙鸭短，在秋沙鸭属中体型最短小，主要食鱼、虾、蛙等动物性食物。营巢于林中、河边或树洞，繁殖于淡水湖泊、河流或林间沼泽地。主要分布于欧洲北部及亚洲北部，越冬于印度北部和日本。国内繁殖于大兴安岭，除海南、青藏高原外均有分布。

斑头秋沙鸭（白秋沙鸭） *Mergellus albellus* Smew

体长 38~44cm　常见的旅鸟　3 月下旬和 9 月初经过　国家二级重点保护野生动物　LC（无危）

雌鸟 / 贾晓刚 摄

左雄右雌 / 贾晓刚 摄

左雄右雌 / 周树林 摄

雄鸟 /VEER 提供

形态特征：繁殖期雄鸟头、上颈和上背墨绿色，翼上具大块白斑，体侧纯白色。雌鸟头和上颈栗褐色，羽冠明显，上体灰色，下体白色，部分个体两胁染灰并具不明显鳞状斑，颏和喉白色，具白色翼镜。虹膜暗褐色；嘴暗红色，基部厚，嘴形狭、长、尖且端部带钩；脚红色。

习性与分布：栖息于河流、湖泊、河口、水库等湿地，营巢于天然树洞或洞穴，冬季多结大群活动，潜水时间可长达半分钟，是体型最大且分布最广的秋沙鸭，全国各地均有分布。国内共 2 个亚种，分布在长白山区的为指名亚种 *M. m.merganser*。

普通秋沙鸭 *Mergus merganser* Common Merganser

体长 54~68cm　常见的旅鸟、夏候鸟　3 月末 4 月初迁来，10 月中旬南迁　LC（无危）

左雌右雄 / 杨恩成 摄

左雌右雄 / 周树林 摄

左雌右雄 / 郭晓燕 摄

雄鸟 / 杨恩成 摄

左雄右雌 / 秦建民 摄

朴龙国 摄

朴龙国 摄

杨晓涛 摄

郭晓燕 摄

王艳霞 摄

形态特征：雄鸟头黑色具绿色金属光泽，羽冠长，似清朝官帽的顶戴花翎，故称中华秋沙鸭；背黑色，胸及下体白色，胁部具明显黑白鳞状斑纹，故又称鳞胁秋沙鸭。雌鸟头颈棕褐色，与普通秋沙鸭和红胸秋沙鸭区别为胁部具明显的鳞状纹。虹膜褐色，嘴鲜红色，脚橘黄色。

习性与分布：栖息于低山丘陵地带的山谷河流、小溪、池塘，夜晚栖息于林缘、草地、灌丛，性机警，营巢于河边天然老树洞。繁殖于俄罗斯远东、朝鲜北部。国内繁殖于长白山和大小兴安岭，越冬于黄河流域及华中、华南地区。

中华秋沙鸭　*Mergus squamatus*　**Scaly-sided Merganser**

体长 49~64cm　　常见的夏候鸟　　3 月末迁来，10 月初南迁　　国家一级重点保护野生动物　　EN（濒危）

左雌中、右雄 / 郑洪梅 摄

雌鸟 / 孙晓明 摄

雌鸟 / 谷国强 摄

雄鸟 / 谷国强 摄

雄鸟 / 马立明 摄

形态特征：体型似中华秋沙鸭，鼻孔位于近嘴基部。雄鸟头褐色具长羽冠，具白色颈环，上体黑色，翅上具白色大型翼镜，下体白色，前胸锈红色，胁部具黑白蠕虫状细纹，肩前部具明显白色斑块。雌鸟与非繁殖期雄鸟均为棕褐色，胸部棕红色。虹膜红色，嘴红色，脚橘红色。

习性与分布：栖息繁殖于苔原、沼泽、湖泊及河流等水域。分布于全北界，越冬于东南亚。国内繁殖于东北北部，越冬于东南沿海地区。宋孟河 2020 年 4 月 30 日见于长白县。该种系长白山区新记录鸟种。

红胸秋沙鸭 *Mergus serator* Red-breasted Merganser

体长 52~60cm　罕见的旅鸟　3~4 月和 10 月下旬经过　LC（无危）

涉禽篇

◎鹳形目 ◎鹤形目 ◎鹈形目 ◎鸻形目

涉禽是适应于在浅水或岸边栖息生活的鸟类类群。在长白山区包括鹳形目、鹤形目、鹈形目和鸻形目的所有种类。

- 涉禽适应于涉水捕食，嘴、脚和颈部比其他生态类群的鸟类长。腿长适于涉水，许多种类的胫部和跗跖部为角质鳞所覆盖，不具羽毛；趾间基部有时有蹼，称为半蹼；有些种类（如秧鸡）的脚趾细长，能在莲叶或浮萍上疾走。鹳、鹤等大型涉禽，以鱼、蛙等大型水生生物为食，嘴粗壮而具锐尖，有如鱼叉，捕食方式是以静伺或潜行啄捕为主，行动缓慢。鸻鹬类又称滨鸟，主要在海岸的潮间带或江河、湖泊岸边啄食螺类等小型水生生物，边觅食边行走，十分迅捷；琵鹭的嘴端有如汤匙，觅食时迎着水流将嘴尖插入水内，左右晃动头部来搜索猎物。
- 涉禽的尾大多较短，大型种类的翅长而宽，可作短距离的滑翔；小型种类（鸻鹬类）翅短而尖，飞行迅速而灵活，体羽多数以灰、褐色为主，与沙滩泥沼的颜色十分相近，是有效的保护色。
- 鸻鹬类是地栖性涉禽，它们的巢十分简陋，一般是在水边地面挖一浅凹坑，不加巢材铺垫；卵的颜色与环境相似，很难被发现。
- 鹭类是鹈形目中种类十分繁多的类群，体型介于鸻鹬和鹳鹤之间，栖息和飞翔时常将颈部作“S”状缩曲，与其他种类有别。
- 鹤与鸻鹬类的雏鸟属于早成性。鹳形目的雏鸟是晚成性。亲鸟在远离巢址的水面啄捕食物之后，返回巢旁反吐食糜饲喂雏鸟。
- 涉禽的大多数在北半球繁殖，秋季南迁至温暖的水域越冬。很多种类有集群营巢、迁徙越冬的习性。

大白鹭繁殖羽 / 李海杰 摄

鹳形目 CICONIIFORMES

鹳形目与鹤形目均属大型涉禽，外形及生活习性也相近，但前者后趾发育，能栖树握枝，在树上、草丛中或岩缝、屋顶上以树枝及草茎编巢，巢形粗糙；脚长且十分粗壮，雌雄形态相似。主要栖息于江河、湖泊、溪流的浅滩、沼泽地带和田野。以鱼、虾、昆虫及其他小动物为主要食物。广泛分布于世界各地。主要类群为鹳科。

东方白鹳 / 周树林 摄

鹳科 Ciconiidae

周树林 摄

周树林 摄

周树林 摄

周树林 摄

形态特征: 嘴长而粗壮，往尖端逐渐变细，微上翘。眼周、喉部裸露皮肤朱红色，体羽乳白色，飞羽黑色。大覆羽、初级覆羽、初级飞羽和次级飞羽均为黑色，并具紫绿色光泽。初级飞羽的基部为白色。虹膜银白色，嘴灰黑色，脚鲜红色。幼鸟似成鸟，金属光泽弱。

习性与分布: 在夏季主要食鱼类，也吃蛙、鼠、蛇、蜥蜴、蜗牛、昆虫等动物性食物，冬春季主要食植物种子、草根、叶、苔藓和少量的鱼类。主要栖息于开阔而偏僻地带和沼泽地带，特别是有稀疏树木生长的河流、湖泊等湿地。分布于我国东部，东北、华北地区及长江流域均有繁殖记录，越冬于长江流域，偶至西南、华南地区和台湾。

东方白鹳 *Ciconia boyciana* **Oriental Stork**

体长 110~127cm　　罕见的旅鸟　　3 月下旬和 10 月经过　　国家一级重点保护野生动物　　EN（濒危）

柳明洙 摄

柳明洙 摄

左成鸟 右亚成鸟 / 柳明洙 摄

形态特征：通体黑色，仅胸、腹、翼下三级飞羽和次级飞羽内侧白色，黑色羽毛具金属光泽，亚成鸟的上体黑褐色，光泽淡，下体白色。虹膜褐色，眼周裸皮红色，嘴、脚红色。

习性与分布：栖息于大型沼泽、湖泊、河流湿地附近，主要食鱼、蛙、甲壳类和昆虫等。繁殖于崖壁或高树上，越冬时多活动于开阔平原，不善鸣叫，性机警。分布于西藏之外大部分地区，繁殖于东北、西北和华北地区，越冬于长江流域、西南高原湖泊。20 世纪 80 年代长白山区有繁殖记录，之后未见。

黑鹳 *Ciconia nigra* **Black Stork**

体长 100~120cm　　罕见的夏候鸟　　3 月下旬迁来，10 月迁离　　国家一级重点保护野生动物　　LC（无危）

鹤形目 GRUIFORMES

鹤形目分为秧鸡科和鹤科。秧鸡科鸟类多为小型涉禽，脚爪较长，能涉水活动。鹤科为大中型涉禽，嘴型较长，翅型短圆，脚长而有力；主要栖息于开阔的沼泽、湖泊或者农田中，但有些种类也栖息于草地灌丛、草原或沙地等环境中。该目鸟类大都较长距离迁徙。繁殖期多成对活动，非繁殖期则常集群活动。主要食植物嫩芽、种子等植食性食物，有时也会取食一些水生或陆生昆虫或一些小型脊椎动物。分布较广，分布于世界各地。鹤类的后趾退化，不能握枝，不栖树。以枯枝及草茎筑巢于浅水地带草丛中。

丹顶鹤 / 段文科 摄

秧鸡科 Rallidae

VEER 提供

VEER 提供

VEER 提供

VEER 提供

形态特征： 雌雄相似。眉纹灰褐色，头顶、眼线黑褐色，喉灰褐色，上体暗褐色具黑色纵纹，两胁和尾下覆羽具黑白色横斑。虹膜红色，嘴红至黑色，脚红色。

习性与分布： 食植物果实、种子和昆虫。栖息于林间灌丛、草地、林缘及河谷地区，喜于水边茂密植被中活动，可在植物上快速行走，善于游泳和潜水。性羞怯，畏人。繁殖于东北、内蒙古东北部、河北北部，越冬于内蒙古中部，华北、西南及东南沿海地区。

普通秧鸡 *Rallus indicus* Brown-cheeked Rail

体长 23~29cm　　罕见的夏候鸟　　4 月末迁来，9 月初南迁　　LC（无危）

范怀良 摄

形态特征：中国最小的田鸡，雌雄相似。上体褐色，具黑色纵纹和白色横斑，喉白色，两胁和尾下覆羽褐色并具白色横斑，飞行时白色次级飞羽和黑色初级飞羽明显。虹膜褐色，嘴暗黄色，脚黄色。

习性与分布：食植物种子、水藻和昆虫。栖息于沼泽、湖泊、水塘边的草丛，性寂静，多在晨昏活动，不易发现。营巢于水边草丛。据傅桐生记载在长白山的珲春、汪清及松花江流域有分布，后人鲜有见到。国内繁殖于东北，迁徙经华北、西南地区至长江中下游和华南地区越冬，鸣叫声为连续“嘎嘎——咕”拖长的颤音。

花田鸡 *Coturnicops exquisitus* Swinho’e Rail

体长 12~14cm　罕见的夏候鸟　4 月末迁来，9 月初南迁　国家二级重点保护野生动物　VU（易危）

周树林 摄

谷国强 摄

形态特征：雌雄相似，脸至上胸灰色，过眼纹褐色，肩背具明显斑点，下腹具白色黑褐色横斑，嘴基红色。虹膜红色，嘴、脚偏绿色。

习性与分布：食小型昆虫和无脊椎动物，常单独活动，鸣声为嘶哑的蛙鸣和拖长的敲击颤音，隐匿于水边草丛，不易发现。栖息于山地森林和平原草地的湖泊、水塘、河流、沼泽湿地，繁殖于东北和西北地区，分布于西藏、海南以外地区。

小田鸡 *Zapornia pusilla* Baillon’s Crake

体长 15~19cm　不易见的夏候鸟　4 月中下旬迁来，10 月南迁　LC（无危）

王延令 摄

陈保利 摄

王延令 摄

谷国强 摄

形态特征：雌雄相似，颏喉白色，头侧及胸部浅栗红色，下胸、腹部及尾下近黑色并具白色横斑，翼上具细密横纹有别于红胸田鸡。虹膜红色，嘴红褐色，脚红色。

习性与分布：食水生动物、水藻及植物种子，栖息于植被良好的低海拔的湖泊、沼泽、塔头甸子等湿地及农田，晨昏和夜晚活动，性隐秘，鸣声为“咯咯——”急促的敲击音。繁殖于东北和华北地区，迁徙经华中、华东地区至西南、华南地区越冬。

斑胁田鸡 *Zapornia paykullii* **Band-bellied Crake**

体长 22~27cm　罕见的夏候鸟　4 月中旬迁来，9 月中旬南迁　国家二级重点保护野生动物　NT（近危）

陈保利 摄

谷国强 摄

形态特征： 雌雄酷似，颏喉白色，下腹两胁暗灰褐色。头顶、头侧及胸部栗红色，枕部至腰深橄榄褐色，下腹具白色细横纹。虹膜红色，嘴灰褐色，脚红色。

习性与分布： 食甲壳、小鱼虾等水生动物、昆虫及水藻。栖息于低海拔的沼泽、草甸及稻田，善行走和在草丛中穿梭，性隐蔽，常在晨昏和夜间活动。据傅桐生、高玮记载通化、抚松、延边均有分布。国内共 3 个亚种，分布在长白山区的为普通亚种 *Z.f.erythrothorax*。该亚种繁殖于东北及中东部地区。

红胸田鸡　*Zapornia fusca*　Ruddy-breasted Crake

体长 19~23cm　　罕见的夏候鸟　　4 月中旬迁来，9 月中旬南迁　　LC（无危）

雄鸟 / 孙晓明 摄

雌鸟 / 白俭华 摄

形态特征： 雄鸟繁殖期通体黑色，具突出的红色角状额甲。雌鸟体型小，上体褐色，具浅褐色羽缘，下体具细密横纹。虹膜褐色，嘴黄绿色，脚绿色。

习性与分布： 食水蜘蛛等小型水生动物、昆虫，亦食植物种子、嫩芽。栖息于稻田、池塘、芦苇沼泽、湖滨草丛，国内除西北地区外均有分布，在长白山区繁殖记录于梅河、东丰。鸣声为嘹亮的敲击“通通——”声。

董鸡　*Gallicrex cinerea*　Watercock

体长 40~43cm　　罕见的夏候鸟　　5 月下旬迁来，9 月末南迁　　LC（无危）

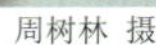

周树林 摄

周树林 摄

形态特征：成鸟额甲亮红色，体羽青黑色，仅两肋有白色细纹，尾下有两块醒目白斑。幼鸟全身灰褐色，脸颊至下体色浅。虹膜红色，嘴基红色而端黄色，脚绿色。

习性与分布：栖息于水生植物茂密的湖泊、池塘及河边湿地，常在水中慢慢游动，在水面浮游植物中翻拣食物，也取食开阔草地。全国均有分布。

黑水鸡（红骨顶） *Gallinula chloropus* Common Moorhen

体长 30~35cm　　常见的夏候鸟　　4 月末 5 月初迁来，9 月末 10 月初南迁　　LC（无危）

王顺 摄

马立明 摄

贾晓刚 摄

张德松 摄

形态特征：体大嘴短，脚趾上有瓣蹼，具鲜明的白色嘴及额甲，整个体羽深黑色，仅飞行时可见翼上狭窄的近白色边缘。虹膜红色，嘴乳白色，脚绿色。

习性与分布：主要在水面活动，食昆虫和水生动物，亦食野果、草籽、嫩芽等植物。繁殖期相互争斗追打，有领域性。迁徙越冬期间集群，起飞前需在水面助跑。全国均有分布。

白骨顶（骨顶鸡）　*Fulica atra*　Common Coot

体长 36~39cm　常见的夏候鸟　3 月末 4 月初迁来，10 月中下旬南迁　LC（无危）

鹤科 Gruidae

马立明 摄

马立明 摄

形态特征： 体羽总体灰色，额、脸颊裸露部分赤红色，耳羽灰色，喉、前颈上部、枕至后枕部白色，初级飞羽黑色，次级飞羽灰色，三级飞羽白色，翼上覆羽淡灰色。亚成体枕部和上体土黄色。虹膜褐色，嘴黄绿色，脚绯红色。

习性与分布： 常栖息于宽阔的河谷、沼泽，主要食植物种子、根、叶芽，亦食鱼、虾、蜥蜴、软体动物和昆虫。分布于西伯利亚、蒙古国北部和中国的东北。越冬于华中、华南、朝鲜和日本。

白枕鹤 *Grus vipio* White-naped Crane

体长 120~153cm　罕见的旅鸟　4月初和10月经过　国家一级重点保护野生动物　VU（易危）

马立明 摄

形态特征：相比其他鹤体型略小，颈长，嘴短，成鸟头顶白色，白色耳羽成丝状延长成簇，头颈色黑，黑色胸羽延长并下垂如丝，三级飞羽亦延长呈丝带状，末端灰色较深。虹膜雄鸟红色，雌鸟橘黄色；嘴黄绿色；脚黑色。

习性与分布：食植物种子、嫩叶、杂草及小型动物。栖息于高原、草原、半荒漠及寒冷荒漠生境，亦可生活在海拔5000m的高原。繁殖于新疆、内蒙古和东北地区，繁殖季节多栖息在近水源的草地，成对或以家族群活动，营巢于芦苇丛中，越冬于西藏南部。

蓑羽鹤 *Grus virgo* **Demoiselle Crane**

体长 90~100cm　罕见的旅鸟　4月初和10月经过　国家二级重点保护野生动物　LC（无危）

金广山 摄

周树林 摄

VEER 提供

VEER 提供

形态特征： 通体白色，头顶裸露红色皮肤，喉部和颈部黑色，耳后具宽白色延至脑后，次级和三级飞羽黑色，其余体羽白色，对比鲜明。虹膜褐色，嘴灰绿色，脚黑色。

习性与分布： 主要食鱼、软体动物、昆虫，亦食少量植物种子。栖息于开阔平原，沼泽、湖泊、草地、海边滩涂及农田，繁殖于日本、西伯利亚东南部，国内繁殖于东北、内蒙古锡林郭勒，越冬于江苏盐城和黄河三角洲等地。

丹顶鹤 *Grus japonensis* **Red-crowned Crane**

体长 138~152cm　罕见的旅鸟　4 月中旬和 9 月上旬经过　国家一级重点保护野生动物　EN（濒危）

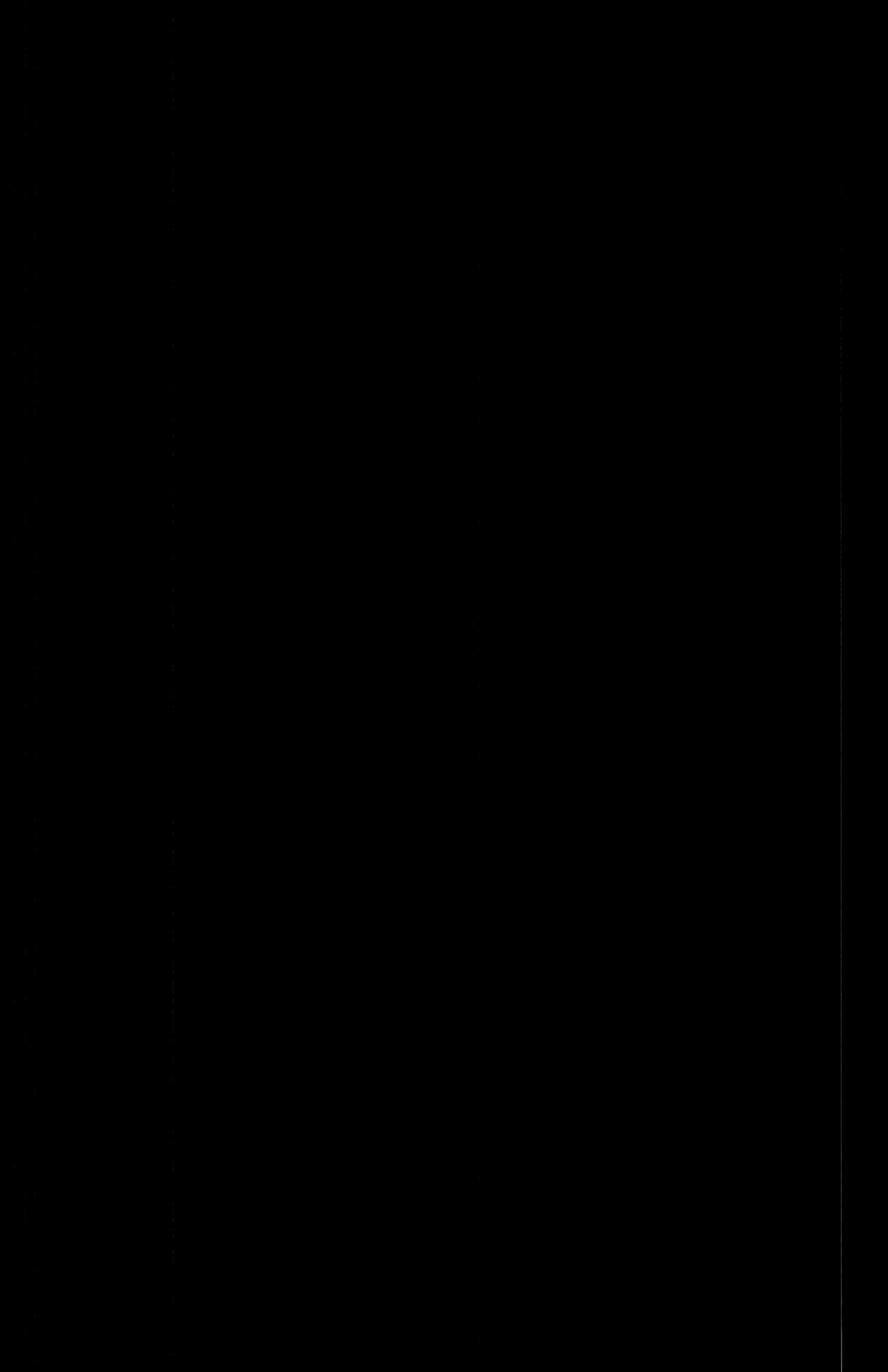

鹈形目 PELECANIFORMES

鹈形目鸟类雌雄形态相似。主要食鱼、虾、昆虫及其他小动物。有些种类具大型喉囊，用于过滤食物。栖息于内陆的河流、湖泊地区和沿海地带，也见于海洋中的岛屿上。常集群活动，有一些种类群体营巢。广泛分布于全世界各大洲和各大洋。在长白山分布有鹭科和鹮科。

白鹭繁殖羽 / 王弼正 摄

鹭科 Ardeidae

生成志 摄

繁殖羽 / 周树林 摄

亚成鸟 / 周树林 摄

繁殖羽 / 周树林 摄

形态特征：全身青灰色，前额和羽冠白色，枕冠黑色，枕部具两条黑色冠羽若辫子，肩羽亦较长，头侧和颈部灰白色，喉下颈部羽毛长如矛状，特别是繁殖期更加明显，中央有一黑色纵纹延伸至胸部，其间有黑色条纹或斑点。虹膜黄色；嘴黄色，繁殖期沾染粉红色；眼先裸皮繁殖期蓝色；脚黑色。

习性与分布：常活动于沼泽、田边、坝塘、海岸，多结小群生活，常在浅水长时间静立不动，眼盯水面，发现鱼、蛙等食物后迅速啄食。在树上休息时常缩成驼背状，飞行时速度较慢，颈缩成“S”形。分布在长白山区的为普通亚种 *A.c.jouyi*。该亚种主要繁殖于东北、华北、华东、华南地区和海南，冬季也见于台湾，上体灰色较深，翼上覆羽亦较深。

苍鹭 *Ardea cinerea* Grey Heron

体长 92~99cm　常见的夏候鸟　3 月末 4 月初迁来，10 月上中旬南迁　LC（无危）

郑洪梅 摄

NORA 摄

孙晓明 摄

亚成鸟 / 张国才 摄

形态特征：繁殖期头顶蓝黑色，颈细长，枕部有两枚黑灰色辫状饰羽，颈部栗色，两侧具蓝黑色纵纹，前颈下部具银灰色的矛状饰羽，上体蓝灰色，两侧暗褐色。虹膜黄色，嘴褐色，脚红褐色。

习性与分布：单独或成对活动，行踪隐秘。主要食水生动物及昆虫。栖息于平原、低山丘陵的开阔水域，营巢于芦苇丛或杂草丛中。广泛分布于中东部地区，在东北、华北、华中地区为夏候鸟，在华南地区为留鸟和冬候鸟。

草鹭 *Ardea purpurea* **Purple Heron**

体长 84~97cm　　罕见的夏候鸟　　3 月末迁来，10 月中下旬南迁　　LC（无危）

非繁殖羽 / 周树林 摄

繁殖羽 / 周树林 摄

繁殖羽 / 周树林 摄

繁殖羽 / 王弼正 摄

非繁殖羽 / 周树林 摄

周树林 摄

形态特征： 全身洁白，繁殖期背部蓑羽长而发达，如细丝，眼先裸皮青蓝色，非繁殖期背部蓑羽褪去，眼先裸皮青蓝色消失，嘴变为黄色，仅端部黑色。虹膜黄色；繁殖期嘴黑色、非繁殖期嘴黄色，嘴裂超过眼睛；脚黑色。

习性与分布： 主要食鱼类，也食虾、蛙、蝌蚪、蜥蜴、甲壳动物，偶食小鸟和小型啮齿动物。栖息于沼泽、池塘、河口、水田及海滨地区，国内共2个亚种，分布在长白山区的为普通亚种 *A.a.modesta*。该亚种繁殖于吉林、辽宁和内蒙古东部，越冬于华南地区。

大白鹭 *Ardea alba* Great Egret

体长 90~98cm　常见的夏候鸟　4月末5月初迁来，9月末开始南迁　LC（无危）

谷国强 摄

谷国强 摄

形态特征： 全身白色，繁殖期嘴橙黄色，眼先蓝色，枕部具长冠羽，胸、背具蓑羽。非繁殖期羽似白鹭，眼先淡蓝色，无饰羽。虹膜黄褐色；嘴黄色，繁殖期橙黄至橙红色；脚黄绿色。

习性与分布： 栖息觅食于海滨及海岸附近的淡水湿地，营巢于无人岛屿的峭壁树丛及沿海地带林区，主要食鱼虾等水生动物。常与白鹭、大白鹭、夜鹭、牛背鹭同域繁殖。国内主要繁殖于辽东半岛、山东、浙江和福建等沿海区域，少量越冬于华南地区和海南。据傅桐生记载长白山区有分布，后人鲜有看到。

黄嘴白鹭 *Egretta eulophotes* Chinese Egret

体长 65~68cm　罕见的夏候鸟　4月下旬迁来，10月南迁　国家一级重点保护野生动物　VU（易危）

非繁殖羽 / 周树林 摄

繁殖羽 / 张德松 摄

繁殖羽 / 张德松 摄

形态特征：通体白色，眼先黄绿色。繁殖期眼先淡粉色，枕部具 2~3 条细长辫状饰羽，前颈、背部具长蓑羽。虹膜黄色，嘴、腿黑色，脚黄色。

习性与分布：栖息于湖泊、沼泽、池塘、水田等湿地，除西北地区外广泛分布。在傅桐生《长白山鸟类》、赵正阶《长白山鸟类志》中无记录，近年来在《中国观鸟年报－中国鸟类名 8.0（2020）》、郑光美《中国鸟类分类与分布名录(第三版)》、段文科和张正旺《中国鸟类图志（上、下卷）》、刘阳《中国鸟类观察手册》中均有记载。编者于 2019 年 7 月见 7、8 只小群在白山市文化广播电视和旅游局前浑江内觅食。

白鹭 *Egretta garzetta* Little Egret

体长 55~68cm　不常见的夏候鸟　3 月下旬迁来，迁离时间不详　LC（无危）

繁殖羽 / 韩大军 摄

繁殖羽 / 孙晓明 摄

非繁殖羽 / 孙晓明 摄

左幼鸟、右成鸟繁殖羽 / 周树林 摄

形态特征：眼先眼周裸皮黄色。非繁殖期全身白色。繁殖期头、颈、上胸和背部具橙黄色饰羽。虹膜黄色，嘴黄而粗，腿上部黄下部黑色，脚黑色。

习性与分布：栖息于沼泽、池塘、水田等湿地，啄食牛行走时惊飞的昆虫或牛背上的寄生虫，是唯一不以食鱼为主的鹭科鸟种。营巢于树上。广泛分布于全国各地，在长江以南为留鸟，在长江以北为夏候鸟。在傅桐生《长白山鸟类》中有记录，之后记录较少。编者于 2017 年、2019 年夏见于白山市区浑江流域，居留时间未做详细记录。

牛背鹭　*Bubulcus ibis*　Cattle Egret

体长 46~53cm　不常见的夏候鸟　4 月上中旬迁来，9 月末 10 月初南迁　LC（无危）

亚成鸟 / 周树林 摄

周树林 摄

周树林 摄

马立明 摄

形态特征：繁殖期头、颈、胸栗色，头具冠羽，背部具长的紫蓝色蓑羽，余部白色。非繁殖期无饰羽，头、颈具黄褐色纵纹，背暗褐色。虹膜黄色，嘴黄色具黑褐色前端，脚绿色。

习性与分布：栖息于湖泊、沼泽、池塘、水田等湿地，食鱼、虾、蟹、蛙等水生动物。营陋巢于树上。繁殖于除东北北部和青藏高原之外地区，越冬于长江以南。

池鹭 *Ardeola bacchus* Chinese Pond Heron

体长 42~52cm　　不常见的夏候鸟　　4 月中旬迁来，9 月末南迁　　LC（无危）

陈保利 摄

周树林 摄

周树林 摄

周树林 摄

形态特征： 繁殖期额、头顶、枕、冠羽蓝黑色，眼先黄绿色，颏、喉白色，肩、背具丝状饰羽，胸、胁部灰色，翅羽具明显浅色羽缘。虹膜黄色，嘴黑色，脚绿色。

习性与分布： 栖息于山涧、溪流、湖泊、滩涂等生境，主要食泥鳅等小鱼，也食各种昆虫。国内共 3 个亚种，分布在长白山区的为黑龙江亚种 *B.s.amurensis*。该亚种繁殖于东北、华南大部分地区，在华东、华南地区为留鸟或冬候鸟。

绿鹭　*Butorides striata*　Striated Heron

体长 35~48cm　　常见的夏候鸟　　4 月中下旬迁来，9 月中下旬南迁　　LC（无危）

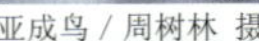

亚成鸟 / 周树林 摄

周树林 摄

许远生 摄

形态特征： 繁殖期头顶至颈、背蓝黑色，枕部具 2~3 条长带饰羽，两胁、上体余部银灰色，下体白色。亚成鸟上体暗褐色具浅色斑，下体色浅具暗褐色纵纹。

习性与分布： 栖息于溪流、水塘、沼泽、水田等湿地，夜行性。主要食鱼、蛙、昆虫、水生动物和小型无脊椎动物，有时亦食植物性食物。分布于西藏西部以外地区，在东北、西北地区为夏候鸟，在华北及以南各地为留鸟或冬候鸟。

夜鹭 *Nycticorax nycticorax* Black-crowned Night Heron

体长 35~48cm　　常见的夏候鸟　　4 月中下旬迁来，9 月末 10 月初南迁　　LC（无危）

雄鸟 / 周树林 摄

雌鸟 / 周树林 摄

雌鸟 / 周树林 摄

亚成鸟 / 周树林 摄

雌鸟 / 陈保利 摄

形态特征：成鸟顶冠黑色，上体淡黄褐色，下体皮黄色，黑色飞羽与皮黄色的覆羽对比明显，眼周裸皮黄绿色。雄鸟头顶、飞羽和尾部黑色，其余上体黄褐色。虹膜黄色，嘴绿褐色，脚黄绿色。

习性与分布：主要食鱼、虾、蛙、水生昆虫。营巢于水中芦苇、蒲草间。繁殖于新疆、青藏以外地区，越冬于华南地区。

黄斑苇鳽　*Ixobrychus sinensis*　**Yellow Bittern**

体长 30~38cm　常见的夏候鸟　4 月末 5 月初迁来，9 月末 10 月初南迁　LC（无危）

雄鸟 / 孙晓明 摄

雄鸟 / 马立明 摄

雄鸟 / 马立明 摄

雌鸟 / 柳明洙 摄

形态特征： 雄鸟头顶暗褐色，从喉至胸具栗褐色纵纹，上体紫褐色，下体皮黄色。雌鸟上体具白色及褐色斑点，下体具纵纹。虹膜黄色，嘴黄绿色，脚绿色。

习性与分布： 生境习性同黄斑苇鳽，基本分布于胡焕庸线以东，多为夏候鸟。在云南和海南为留鸟和冬候鸟。

紫背苇鳽 *Ixobrychus eurhythmus* **Von Schrenck's Bittern**

体长 33~42cm　罕见的夏候鸟　4 月末 5 月初迁来，9 月末 10 月初南迁　LC（无危）

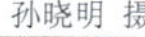

孙晓明 摄

韦明 摄

韦明 摄

形态特征： 体型粗壮，通体黄褐色具黑色条纹，头顶黑色，具黑色髭纹，下体色浅，具黑褐色纵纹。虹膜黄色，嘴黄褐色，脚黄绿色。

习性与分布： 栖息于芦苇丛、蒲草和灌丛湿地，被人发现时嘴会垂直向上，受惊低飞，掠过芦苇尖飞不多远则落入草丛中。主要食鱼、虾、蛙、蟹、螺、水生昆虫等水生动物。分布于除青藏高原外地区。

大麻鸭 *Botaurus stellaris* **Eurasian Bittern**

体长 64~78cm　　不易见的夏候鸟　　4 月上中旬迁来，10 月中下旬南迁　　LC（无危）

鹮科 Threskiornithidae

孙晓明 摄

谷国强 摄

亚成鸟 / 马立明 摄

周树林 摄

亚成鸟 / 马立明 摄

形态特征: 成鸟头枕部具长饰羽，颈下部橘黄色，亚成鸟无头饰羽，全身白色。嘴宽、扁、长，前端宽呈琵琶形。虹膜暗黄色，嘴黑色具不明显的黄色前端，脚黑色。

习性与分布: 活动于多水生动物的湖泊、沼泽、河流、水库及海岸、河口。觅食将嘴插入水中左右扫动。繁殖于东北和西北地区，分布于全国，越冬于长江流域及以南地区。

白琵鹭 *Platalea leucorodia* Eurasian Spoonbill

体长 80~95cm　罕见的夏候鸟　4 月迁来，9 月末 10 月初迁离　国家二级重点保护野生动物　LC（无危）

非繁殖羽或亚成鸟 / 谷国强 摄

成鸟 / 郑洪梅 摄

成鸟 / 谷国强 摄

成鸟 / 程云伟 摄

成鸟 / 杨宇晶 摄

形态特征: 通体白色，成鸟头部具明显淡黄色羽冠，眼先具黄色斑，颈下部淡柠檬色，脸部黑色，亚成鸟全身白色无黄色饰羽。虹膜鲜红色，嘴、脚黑色。

习性与分布: 主要活动于沿海滩涂、鱼虾塘，亦见于淡水湖泊、沼泽、池塘和稻田。国内主要繁殖于辽东半岛东侧近海小岛上，越冬于东南沿海地区，包括香港、台湾和海南。在长白山的汪清也有繁殖记录。

黑脸琵鹭 *Platalea minor* **Black-facet Spoonbill**

体长 60~79cm　罕见的夏候鸟　3 月中下旬迁来，10 月初南迁　国家一级重点保护野生动物　EN（濒危）

鸻形目 CHARADRIIFORMES

鸻形目鸟类为中小型涉禽，嘴型和翅型多样，变化较大，尾型多为短圆形。主要栖息于河流、湖泊、海滨、潮间带、沼泽等生境的浅水区域。大多类群的飞行能力较强，常可以做长距离迁徙。食物以鱼、虾、水生昆虫和软体动物等为主，个别种类食植物。该目鸟类分布较广，除南北两极外，广布于全世界。在长白山有鸻科、鹬科、鸥科、蛎鹬科、反嘴鹬科、三趾鹑科、燕鸻科等 7 个类群。

黑翅长脚鹬 / 李海杰 摄

三趾鹑科 Turnicidae

孙晓明 摄

形态特征：体型和鹌鹑相似但较瘦小，雌雄相似，雌鸟大且艳丽。上体大都黑褐色与栗色相杂的花纹，胁部具黑褐色圆点。虹膜、嘴、脚黄色。

习性与分布：在长白山栖息于海拔1200m以下山坡灌丛、草甸、农田等地，营巢于茂密草丛地面，善隐蔽，性畏人。留鸟分布于长江及长江以南地区，夏候鸟繁殖于东北、华中、华北地区。

黄脚三趾鹑 *Turnix tanki* Yellow-legged bottonquail

体长 13~16cm　不易见的夏候鸟　4月中旬迁来，10月中旬迁离　LC（无危）

蛎鹬科 Haematopodidae

伯雪冬 摄

马立明 摄

周树林 摄

形态特征：头、颈、胸和整个上体黑色，胸以下白色。虹膜、嘴、脚红色。

习性与分布：主要食较大的甲壳类，亦食蠕虫、螃蟹等。繁殖于东北、西北、华北地区，越冬于华南地区。也有学者认为该鸟种在长白山区为夏候鸟。

蛎鹬 *Haematopus ostralegus* Eurasian Oystercatcher

体长 40~48cm　　罕见的旅鸟　　4 月上中旬和 10 月初经过　　NT（近危）

反嘴鹬科 Recurvirostridae

马立明 摄

马立明 摄

马立明 摄

张德松 摄

雏鸟 / 张德松 摄

幼鸟 / 周树林 摄

形态特征：雄鸟繁殖羽头顶、背、两翅黑色，余部白色，腿特别长。雌鸟似雄鸟，黑色少。虹膜粉红色，嘴黑色，脚粉红色。
习性与分布：栖息于淡水湖泊、沼泽以及海滨盐田、虾池，行走轻盈，受惊扰不停点头后飞走。繁殖于东北、西北及华北地区。迁徙经各地，越冬于华南地区。编者 2019 年春季曾拍摄于浑江流域白山市内和鸭绿江流域苇沙河。

黑翅长脚鹬 *Himantopus himantopus* Black-winged Stilt

体长 35~40cm 罕见的夏候鸟 5 月迁来，8 月中下旬南迁 LC（无危）

鸻科 Charadriidae

关克 摄

李兆辉 摄

于国海 摄

周树林 摄

雏鸟 / 于国海 摄

形态特征：头顶、前颈、胸黑色，具特征性上翘黑色羽冠，背墨绿色闪辉，飞羽黑色，下体白色，尾羽具宽大次端斑。

习性与分布：栖息于草原、农田和淡水湿地，鸣声似耍赖的娃娃，故民间形象俗称赖毛子。全国各地均有分布。繁殖于东北、西北地区，越冬于秦岭、淮河以南地区。

风头麦鸡 *Vanellus vanellus* **Northen Lapwing**

体长 28~31cm　　常见的夏候鸟　　3 月上中旬迁来，9 月中下旬南迁　　NT（近危）

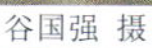

谷国强 摄

郑洪梅 摄

周树林 摄

郑洪梅 摄

形态特征：头、颈及胸灰色，胸至腹部具黑褐色横带，上体褐色，腰、腹白色，初级飞羽和尾端黑色。虹膜红色，嘴黄色具黑端，脚黄色。

习性与分布：栖息于平原、草地、沼泽、水塘、农田和林间河流，分布于新疆西藏以外地区，繁殖于东北东部，南至长江流域，西至青藏高原以东大部分地区，越冬于华南地区。

灰头麦鸡　*Vanellus cinereus*　Grey-headed Lapwing

体长 34~37cm　不常见的夏候鸟　4 月初迁来，9 月中下旬南迁　LC（无危）

周树林 摄

周树林 摄

马立明 摄

形态特征： 繁殖期上体沙褐色，眼圈金黄，额具宽阔的黑色横带，颈部具白色颈环。虹膜黄褐色，嘴灰黑色、脚灰粉色。

习性与分布： 常速跑几步骤停低头后继续速跑，栖息于湖泊、河流、沼泽及沿海滩涂，分布和繁殖于全国大部分地区，越冬于华南地区。分布在长白山区的为普通亚种 *C.d.curonicus*。

金眶鸻 *Charadrius dubius* Little Ringed Plover

体长 14~17cm　常见的夏候鸟　3月末4月初迁来，9月末10月初南迁　LC（无危）

周树林 摄

周树林 摄

亚成鸟 / 周树林 摄

形态特征： 繁殖期上体灰褐色，下体白色，颈部具黑白两道颈环，眼后具灰白色眉纹，嘴、尾比金眶鸻长。虹膜褐色，嘴黑色，脚暗黄色。

习性与分布： 常速跑几步骤停点头再继续跑，但速度比金眶鸻慢。栖息于湖泊、河流、沼泽及农田等生境，分布于新疆以外大部分地区，繁殖于北方，越冬于华南等南方地区。

长嘴剑鸻　*Charadrius placidus*　**Long-billed Plover**

体长 19~27cm　常见的夏候鸟　3 月中下旬迁来，9 月初南迁　LC（无危）

非繁殖羽 / 白俭华 摄

非繁殖羽 /VEER 提供

繁殖羽 /VEER 提供

形态特征： 繁殖羽上体黑色具金黄色斑点，下体黑色，自额前、眉纹到颈侧及胸侧呈白色太极弯曲，非繁殖期和亚成体通体泛金黄色斑点，腹部颜色浅淡。虹膜黑褐色，嘴黑色，脚灰色。

习性与分布： 栖息于湖泊、河流、沙滩、沿海滩涂及农田等开阔多草的湿地。主要食昆虫、软体动物和甲壳类动物。繁殖于俄罗斯、西伯利亚北部和阿拉斯加西北部，越冬于我国南方沿海地区。

金鸻（金斑鸻） *Pluvialis fulva* **Pacific Golden Plover**

体长 23~26cm　不常见的旅鸟　5 月和 9 月经过　LC（无危）

非繁殖羽 /VEER 提供

繁殖羽 /VEER 提供

非繁殖羽 / 周树林 摄

形态特征：似金鸻，比金鸻大。上体黑色带白点，无黄色斑，脸颊黑色经前额延伸至胸腹边缘。非繁殖期背部黑褐色具白色羽缘。虹膜褐色，嘴黑色，脚灰色。

习性与分布：栖息于海滨、江河、湖泊、沼泽等生境，主要食水生昆虫、蠕虫和软体动物。繁殖于全北界北部，国内越冬于东南、华南沿海地区。高玮界定为经过延边的旅鸟，傅桐生界定为 4 月初迁来、10 月初南迁的常见夏候鸟。后人鲜有记录。

灰鸻（灰斑鸻） *Pluvialis squatarola* Grey Plover

体长 27~31cm　　罕见的旅鸟　　3 月末和 9 月初经过　　LC（无危）

繁殖羽 / 于国海 摄

非繁殖羽 / 孙晓明 摄

形态特征：繁殖期雄鸟颊和喉白色，额具黑带，胸和颈棕红色，嘴短而纤细。非繁殖期羽色淡，胸部棕红色消失，眉纹白色。

习性与分布：栖息于海岸、沙滩、河口、湖泊、河流、沼泽地，食昆虫、螺类及软体动物。国内共 5 个亚种，分布在长白山区的为指名亚种 *C.m.mongolus*。该亚种繁殖于西伯利亚，迁徙经过长白山区在内的中国东部，少量在中国南部沿海越冬。

蒙古沙鸻 *Charadrius mongolus* Lesser Sand Plover

体长 18~21cm　　常见的夏候鸟　　4 月初迁来，10 月初南迁　　LC（无危）

鹬科 Scolopacidae

形态特征： 体型肥胖，嘴长腿短如沙锥，头顶与枕部具明显黑褐色与浅黄色横纹，前额浅黄色，翼上覆羽、肩羽、三级飞羽具零碎不规则斑纹，下体具暗褐色窄横纹，尾的次端斑暗褐色，端部浅灰色。虹膜深褐色；嘴基偏粉，端黑色；脚粉红色。

习性与分布： 繁殖于低山落叶松林和混交林，繁殖期少见于黑龙江北部、吉林、新疆西北、四川及甘肃南部，迁徙经国内各地，越冬于长江以南地区。

陈保利 摄

丘鹬 *Scolopax rusticola* **Eurasian Woodcock**

体长 33~38cm　罕见的夏候鸟　3 月末 4 月初迁来，9 月末 10 月初南迁　LC（无危）

形态特征： 雌雄酷似。上体赤褐色，头顶中央冠纹和眉纹白色，头顶条纹细，有时断裂，背具 4 条白色纵带，胸淡黄褐色，喉、腹白色，两胁、腋羽和翼下覆羽白色并具密集黑褐色横斑。虹膜褐色；嘴基部橄榄色，端黑色；脚橄榄色。

习性与分布： 栖息于泥塘、沼泽、稻田等生境，性隐蔽，国内见于各地。国内共 2 个亚种，分布在长白山区的为东北亚种 *G.s.japonica*。该亚种广泛分布在中国东部地区。

孙晓明 摄

孤沙锥 *Gallinago solitaria* **Solitary Snipe**

体长 29~31cm　罕见的夏候鸟、旅鸟　4 月中旬迁来，9 月中旬南迁　LC（无危）

郑洪梅 摄

隋春治 摄

孙晓明 摄

形态特征：雌雄酷似，嘴长约头的 1.5 倍，比大沙锥和扇尾沙锥色浅，上体具白、黄、黑纵纹和蠕虫状斑纹，贯眼纹眼前先细窄眼后不清楚，嘴比扇尾沙锥短。尾羽 22~24 枚，最外侧 7~8 枚特细如针状。虹膜、嘴褐色，脚偏黄色。

习性与分布：栖息于沼泽、湿草地、稻田、江河、湖泊岸边，营巢于草丛湿地及沼泽附近干燥地面凹陷处，分布遍及全国。在长白山区的通化、白山、延边均有记录。

针尾沙锥　*Gallinago stenura*　**Pintail Snipe**

体长 25~27cm　不常见的夏候鸟　4 月上中旬迁来，9 月末 10 月初南迁　LC（无危）

郑洪梅 摄

赵劲戈 摄

周树林 摄

形态特征：翼下覆羽具显著白色区域，而针尾沙锥翼下覆羽具细密黑色斑纹。次级飞羽末端白色。尾羽多为 14~16 枚，内外侧无显著差别，嘴长为头的 1.6~2 倍。虹膜褐色；嘴褐色，端部色深；脚橄榄色。

习性与分布：繁殖期会做炫耀飞行，升至高空后快速直线降落。习性同其他沙锥，繁殖于新疆、东北，越冬于黄河以南地区。

扇尾沙锥 *Gallinago gallinago* **Common Snipe**

体长 24~29cm　常见的夏候鸟　3 月末 4 月初迁来，9 月末 10 月初南迁　LC（无危）

李宗丰 摄

邢睿 摄

尾羽比较

胡振宏 摄

形态特征：体型大，头大而方，上体杂具棕白色和红棕色斑纹，头部中央冠纹、眉纹与颊淡黄褐色，肩羽羽缘黄色而覆羽羽缘白色，胁部具“V”形纵纹，尾羽多数 18~22 枚，外侧 5 枚尾羽宽度约为中央尾羽宽度的 1/3。虹膜褐色，嘴褐色而端部黑色，脚橄榄色。

习性与分布：习性同其他沙锥，分布于俄罗斯中南部和远东地区南部，迁徙经过中国中东部，越冬于南亚及澳大利亚北部。

大沙锥 *Gallinago megala* **Swinhoe's Snipe**

体长 27~30cm　　罕见的旅鸟　　4 月和 9 月经过　　LC（无危）

马立明 摄

马立明 摄

马立明 摄

形态特征: 繁殖期整体锈红色，眼线具暗色条纹，颏部具白斑，上体暗褐色，羽毛边缘褐色由窄到宽。非繁殖期体羽浅棕色，上体羽毛具淡色边缘。虹膜褐色，嘴黑色，脚近黑色。

习性与分布: 栖息于草地、沼泽，集群建巢，分布于东部沿海，繁殖于东北和内蒙古，迁徙经新疆、青海及东部、东南沿海地区。

半蹼鹬 *Limnodromus semipalmatus* **Asian Dowitcher**

体长 33~36cm　罕见的旅鸟　3~5 月和 8~10 月经过　国家二级重点保护野生动物　NT（近危）

雌鸟 /VEER 提供

非繁殖羽 / 白俭华 摄

雌鸟 /VEER 提供

繁殖羽 /VEER 提供

形态特征：繁殖期头和上体灰褐色，上背、颈部、肩部具橘黄色到棕色条带，颈侧和上胸部红色，喉和细长眉纹白色，腹部白色。非繁殖羽头顶黑色，眼斑黑色向下弯曲，上体黑色具皮黄色纵斑纹。虹膜褐色，嘴黑色而细长，脚灰色。

习性与分布：迁徙时分 3 条路线，一是从新疆经青藏高原东部和西藏南部；二是经内陆湿地到南方；三是从东北北部经东部沿海各地和台湾，越冬于海南。

红颈瓣蹼鹬　*Phalaropus lobatus*　Red-necked Phalarope

体长 16~20cm　　不常见的旅鸟　　4~5 月和 9~10 月经过　　LC（无危）

周树林 摄

VEER 提供

VEER 提供

形态特征：繁殖羽头、颈、胸、背棕色，眉纹白色，胸侧及胁部杂以黑褐色横斑。非繁殖羽头、颈、胸棕色，眉纹和颏、喉白色，腋、胁、腰和尾上覆羽白色。

习性与分布：栖息于沼泽、湿地和水域周围的湿草甸，主要食昆虫、蠕虫、软体动物等，营巢于岸边地面，内铺枯草。国内共 3 个亚种，旅经长白山区的为普通亚种 *L.l.melanuroides*。该亚种繁殖于东北、新疆西北、内蒙古呼伦池和达赉湖，迁徙经除西藏以外的中国大部分地区，越冬于长江中下游地区、东部沿海、台湾和海南。

黑尾塍鹬 *Limosa limosa* Black-tailed Godwit

体长 37~42cm　不常见的旅鸟　3~4 月和 9~10 月经过　NT（近危）

谷国强 摄

于国海 摄

雷大勇 摄

形态特征：嘴细尖，略下弯，比头略长，下嘴基肉色，头顶淡色，中央冠纹与黑侧冠纹等宽，头侧、胸、颈、胁、腋和翼下覆羽淡棕色。虹膜、嘴褐色，脚蓝灰色。

习性与分布：活动于湿地附近开阔的干燥草地或耕地，捡食各种昆虫、蜘蛛、草籽及浆果。主要繁殖于亚洲北部的山地泰加林，迁徙经新疆到青海以及东北和包括台湾在内的沿海地区，越冬于新几内亚和澳大利亚。据高玮记载见于长白山区的梅河、延边。

小杓鹬 *Numenius minutus* Little Curlew

体长 28~34cm　罕见的旅鸟　4~5 月和 9~10 月经过　国家二级重点保护野生动物　LC（无危）

陈夏富 摄

谢志伟 摄

毛建国 摄

形态特征： 体型和嘴长介于小杓鹬和白腰杓鹬之间，嘴下弯。腿比其他杓鹬稍短。头顶具明显暗色侧冠纹被淡色顶冠纹隔开，胸、上体具黑褐色斑纹，腹部皮黄色。虹膜褐色，嘴黑色，脚蓝灰色。

习性与分布： 食昆虫、蠕虫及杂草种子。主要分布于亚洲和欧洲北部苔原地区，栖息于湖泊、水库、沼泽和江河边，国内共2个亚种，分布在长白山区的为华东亚种 *N.p.variegatus*。该亚种迁徙时经过新疆、云南、贵州以外各地，越冬于东南亚、澳大利亚和新西兰，少数越冬于台湾和广东。

中杓鹬 *Numenius phaeopus* **Whimbrel**

体长 40~46cm　罕见的旅鸟　4月上中旬和10月上中旬经过　LC（无危）

杜崇杰 摄

周树林 摄

周树林 摄

形态特征： 整体棕黄色，胸部、胁部多纵纹，翼下密布棕色横纹，与白腰杓鹬区别在于腰和下体皆深色。成年雌性大杓鹬在鹬鸟中嘴最长。虹膜褐色，嘴黑色，脚灰色。

习性与分布： 主要食昆虫、甲壳动物、软体动物、无脊椎动物，也食爬行性动物。主要分布于亚洲东部，常与白腰杓鹬混群，繁殖于俄罗斯东南向北至雅拿河和堪察加，迁徙经过中国东部、朝鲜、日本，越冬于大洋洲，少数越冬于海南。在长白山区见于海拔 900m 以下低山地带湖泊、河流、池塘、沼泽和稻田生境，营地面巢于水岸边。据傅桐生、赵正阶、高玮记载，长白山区的通化、白山、梅河、安图、敦化、珲春均有夏候鸟的栖息记录。

大杓鹬 *Numenius madagascariensis* Eastern Curlew

体长 53~66cm　不常见的夏候鸟　4 月上中旬迁来，9 月中下旬南迁　国家二级重点保护野生动物　EN（濒危）

周树林 摄

赵勇 摄

形态特征：尾羽具褐色横纹，与大杓鹬相比腰及翼下覆羽白色，与中杓鹬比体型大且无侧冠纹。其他特征似大杓鹬。

习性与分布：食无脊椎动物，亦食植物种子、浆果。主要繁殖于俄罗斯东部，国内繁殖于内蒙古东北部、黑龙江、吉林，迁徙经过中国东部、朝鲜、日本，越冬于非洲西、东、南部以及亚洲南部，国内越冬于长江以南包括台湾和海南等地。

白腰杓鹬 *Numenius arquata* Eurasian Curlew

体长 57~63cm　　罕见的旅鸟　　国家二级重点保护野生动物　　NT(近危)

形态特征：体型矮壮，腹部、臀部白色，飞行时黑色下翼、白色的腰部以及尾部的横斑十分明显，上体绿褐色杂白点，两翼及下背几乎全黑色，尾白色，端部具黑色横斑，飞行时脚伸至尾后，比林鹬腿短，下体点斑少，矮壮，翼下色深。虹膜褐色，嘴暗橄榄色，脚橄榄绿色。

习性与分布：常单独活动，喜栖息林间池塘、沼泽以及流水缓慢的河流，营巢于水岸边草丛。食小鱼、虾类、蠕虫和小型昆虫。主要繁殖于欧洲北部，从欧洲至阿穆尔河，国内主要繁殖于新疆、黑龙江北部和内蒙古东北部。越冬于东南亚，部分越冬于日本、朝鲜半岛和中国东南部。

周树林 摄

白腰草鹬 *Tringa ochropus* Green Sandpiper

体长 21~24 cm　　常见的旅鸟、夏候鸟　　4 月上旬迁来，9 月中下旬南迁　　LC（无危）

马立明 摄

周树林 摄

形态特征： 上体褐灰色，下体白色，胸具褐色纵纹，飞行时腰部白色明显，次级飞羽具明显白色外缘，尾上具黑白色细斑。虹膜褐色，嘴基红色而端黑色，脚橘红色。

习性与分布： 繁殖栖息于内陆草原湿地。越冬和迁徙停歇期间喜泥岸、海滩、盐田、干涸沼泽、鱼塘及近海稻田。食小鱼、虾、水生昆虫和蝌蚪。通常结小群活动，常与其他涉禽混群。据段文科、张正旺《中国鸟类图志》（上卷）记载，国内共 5 个亚种，繁殖在长白山区的为东北亚种 *T.t.terrignotae*，乌苏里亚种 *T.t.ussuriensis* 迁徙亦经过长白山区。两个亚种羽色相近，不易分辨。据赵正阶记载，在长白山区腹地的敦化、珲春有分布，为夏候鸟。高玮无长白山区分布记录。

红脚鹬 *Tringa totanus* Common Redshank

体长 26~29cm　不常见的旅鸟、夏候鸟　3 月末 4 月初迁来，9 月中下旬南迁　LC（无危）

形态特征： 繁殖期头颈部密布条纹，上体灰褐色，有些羽毛带黑色。非繁殖期羽色浅而均一，条纹不明显，尾部黑色横斑明显。虹膜褐色；嘴灰绿色而端黑色，基部粗而末端细，上翘；脚黄绿色。

习性与分布： 食小鱼虾和水生昆虫。繁殖于泰加林开阔沼泽湿地。迁徙见于各地，越冬于我国南方地区及以南国家。

谷国强 摄

青脚鹬 *Tringa nebularia* Common Greenshank

体长 30~35cm　常见的旅鸟　3 月末 4 月初和 8 月末 9 月经过　LC（无危）

马立明 摄

谷国强 摄

马立明 摄

形态特征：上体灰褐色，下体、腰、背白色，翼黑色。繁殖期上体浅灰棕色，胸、胁具深色纵纹；非繁殖期上体暗灰色，下体白色无纵纹。虹膜褐色，嘴黑色且细尖，脚偏绿色。

习性与分布：迁徙季常与青脚鹬混群，食昆虫和小型水生动物，可在较深水域将头潜入水中觅食，会游泳。主要繁殖于俄罗斯西部和乌克兰东部至西伯利亚中东部，越冬于地中海、非洲、波斯湾、南亚、印尼、澳大利亚。国内繁殖于内蒙古东部和东北部分地区，迁徙经国内大部分地区，越冬于华东、华南的沿海地区。高玮界定为夏候鸟，郑光美、张正旺、刘阳界定为旅鸟。

泽鹬 *Tringa stagnatilis* **Marsh Sandpiper**

体长 23~26cm　　不常见的旅鸟、夏候鸟　　4 月上中旬迁来，9 月上中旬南迁　　LC（无危）

繁殖羽 / 马立明 摄

繁殖羽 / 周树林 摄

非繁殖羽 / 胡振宏 摄

形态特征：繁殖期整体黑色，上体带白斑，非繁殖期黑色贯眼纹和白色眉纹明显，上体灰色，胸部和下体泛白色。虹膜褐色；嘴黑色，细长且下嘴基部红色；脚非繁殖期红色，繁殖期红褐至黑褐色。

习性与分布：栖息于海拔 900m 以下的低山丘陵的江河、湖泊、池塘湿地，常跑几步又缓慢行走，食水生昆虫、螺等。主要繁殖于古北界、俄罗斯西北至西伯利亚北部等地。迁徙经全国各地，越冬于东南、华南沿海地区。国外越冬于西欧到地中海、赤道非洲、波斯湾、印度、东南亚等地。

鹤鹬　*Tringa erythropus*　**Spotted Redshank**

体长 26~33cm　　不常见的旅鸟　　3 月上旬和 9 月上中旬经过　　LC（无危）

周树林 摄

周树林 摄

周树林 摄

形态特征： 眉纹和喉白色，头、颈、胸具深色条纹，上体褐色具黑白相间较大白斑，腹、腰白色。虹膜褐色，嘴黑而短，脚橄榄绿色。

习性与分布： 常与矶鹬、白腰草鹬混群，食水生和陆地昆虫。繁殖于泰加林沼泽湿地，越冬于非洲、印度次大陆、东南亚、澳大利亚、琉球群岛。国内见于各地，越冬于东部沿海、台湾。

林鹬 *Tringa glareola* Wood Sandpiper

体长 19~23cm　常见的旅鸟、夏候鸟　3 月末 4 月初迁来，9 月末 10 月初南迁　LC（无危）

陈夏富 摄

陈夏富 摄

繁殖羽 / 于国海 摄

形态特征： 雌雄酷似，白色眉纹过眼，而漂鹬眉纹眼先有，眼后无。过眼纹黑色，上体近均匀灰褐色，羽端略具不明显灰白色边缘，下体白色具褐色横斑。虹膜褐色，嘴黑色，脚橘黄色。

习性与分布： 栖息于山地森林多石河流、泰加林，迁徙沿海岸湿地、湖泊、河流、滩涂，觅食经常跑动，尾上下抖动。繁殖于西伯利亚东北、阿拉斯加南部至加拿大西部，越冬于美国西南、墨西哥西部、夏威夷、太平洋中南部到新几内亚、澳大利亚，迁徙经过我国东部地区。

灰尾漂鹬 *Tringa brevipes* **Grey-tailed Tattler**

体长 23~28cm　　罕见的旅鸟　　4~5 月和 9~10 月经过　　NT（近危）

徐书英 摄

周树林 摄

周树林 摄

周树林 摄

周树林 摄

形态特征：脚短，身形矮小，上体褐色，飞羽近黑色，肩前具白斑带，下体白色，胸侧具灰褐色斑块，与灰色的肩和翼将前腹部夹出一个三角形区，飞行时翼上具黑色或白色横纹。虹膜褐色，嘴深灰色，脚浅橄榄绿色。

习性与分布：生活于各种湿地生境，常见单只或成对活动，奔走时头不停点动，滑翔时两翼僵直。食昆虫，亦食蠕虫、螺类、小鱼、蝌蚪等无脊椎动物。繁殖于古北界，从英国到堪察加半岛，往南一直到喜马拉雅山脉。越冬从非洲到澳大利亚，从日本到中国东南部，国内见于各地。

矶鹬 *Actitis hypoleucos* Common Sandpiper

体长 16~21cm　极常见的夏候鸟　3 月末 4 月初迁来，9 月末 10 月初南迁　LC（无危）

繁殖羽 / 陈夏富 摄

非繁殖羽 / 于国海 摄

形态特征： 嘴、腿短，色彩醒目，头、颈、胸具黑白图案，上体栗褐色具黑色图案，下体白色。虹膜褐色，嘴黑色，脚橘黄色。

习性与分布： 栖息于岩石海岸、海滨沙滩及沼泽湿地。常在岸边翻动小石块觅食甲壳类、无脊椎动物而得名。繁殖于全世界高纬度地区，迁徙经我国大部分地区，越冬于南美洲、非洲及亚洲热带地区以及澳大利亚、新西兰。少量越冬于华南、东南沿海、海南、台湾。

翻石鹬 *Arenaria interpres* Ruddy Turnstone

体长 21~26cm　罕见的旅鸟　国家二级重点保护野生动物　LC（无危）

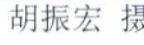

胡振宏 摄

孙晓明 摄

形态特征： 雌雄酷似。是滨鹬属中最大的滨鹬。繁殖期头、胸和两肋具密集黑斑，肩部具栗色和黑色斑块，尾上覆羽大部白色，尾羽黑色。非繁殖期上体和胸部浅灰色，上体、头、颈、胸密布暗色条纹。虹膜褐色，嘴黑色，脚绿灰色。

习性与分布： 栖息于低山沼泽、湖滨、水库、江河岸边。食水生昆虫、蠕虫等软体动物。营巢于山地具苔藓的地面。主要繁殖于西伯利亚东北部，越冬于东南亚和澳大利亚等地。迁徙经东北、东部及东南部沿海地区。据傅桐生记载迁徙经长白山区北坡和珲春、延吉等地，近年鲜见。

大滨鹬 *Calidris tenuirostris* Great Knot

体长 26~28cm　罕见的旅鸟　4 月下旬和 9 月中旬经过　国家二级重点保护野生动物　EN（濒危）

繁殖羽 / 周树林 摄

繁殖羽 / 周树林 摄

非繁殖羽 / 陈夏富 摄

形态特征：雌雄酷似。嘴长，端部微下弯，繁殖期头侧和颈部、胸部灰色，具黑色纵纹，头顶、上体棕褐色，下体白色而腹部中央黑色。非繁殖期上体灰褐色，下体白色。虹膜褐色，嘴黑色，脚绿灰色。

习性与分布：栖息活动于沿海滩涂、河口、沼泽、水田、盐池及苇塘等生境，食虾、蟹及水生昆虫。繁殖于北极苔原，越冬于美洲西南部、非洲西北部、中东、朝鲜半岛和日本。迁徙经国内西藏以外地区，越冬于东南沿海地区的海岸湿地和内陆淡水湿地。编者 2019 年 8 月 10 日见于白山市内浑江。

黑腹滨鹬 *Calidris alpina* **Dunlin**

体长 16~22cm　　常见的旅鸟　　4~5 月中旬和 10 月上旬经过　　LC（无危）

成鸟 / 周树林 摄

亚成鸟 / 周树林 摄

形态特征: 上体色浅而具纵纹。繁殖羽头顶、颈部体羽及翼上覆羽锈红色。非繁殖羽上体灰褐色，多具杂斑和纵纹。眉纹白色，腰中部及尾深褐色，尾侧、下体白色。

习性与分布: 主要栖息于冻原地带芦苇、沼泽、海岸、湖滨和苔原地带。食昆虫、蠕虫、甲壳类和软体动物。繁殖于西伯利亚北部，西至太梅尔半岛，东至阿纳德尔和楚科奇半岛。国内越冬于广东、海南、福建、台湾。向南到菲律宾、澳大利亚、新西兰。迁徙经过包括长白山在内的国内大部分地区。编者 2019 年 8 月 10 日见于白山市内浑江。

红颈滨鹬　*Calidris ruficollis*　**Red-necked Stint**

体长 13~16cm　　不常见的旅鸟　　4 月和 9 月中下旬经过　　NT（近危）

周树林 摄

周树林 摄

周树林 摄

形态特征：繁殖羽白色眉纹宽，头顶棕红色具黑色纵纹，颊、颈和胸侧具黑色纵纹，背部具"V"形纵纹，翼上覆羽黑色具浅色羽缘。虹膜暗褐色，嘴黑色，脚黄绿色且明显长于其他滨鹬。

习性与分布：主要栖息于沿海、内陆淡水流域、盐水湖泊、水塘、沼泽等生境，食昆虫、鱼、软体动物和小型无脊椎动物，亦食植物种子。主要繁殖于西伯利亚，迁徙经我国各地，越冬从印度东部、印度支那到中国华南沿海、台湾，南至菲律宾、印度尼西亚和澳大利亚东南西部。

长趾滨鹬 *Calidris subminuta* Long-toed Stint

体长 13~16cm　常见的旅鸟　4月末5月初和9月末至10月经过　LC(无危)

繁殖羽 / 于国海 摄

非繁殖羽 /VEER 提供

繁殖羽 / 于国海 摄

形态特征：肩羽明显黑色，比其他滨鹬总体偏白，飞行时翼上具白色宽纹，无后趾。虹膜暗褐色，嘴、脚黑色。

习性与分布：繁殖于北极冻原苔藓、草地、海岸和湖泊、沼泽地带的勒拿河三角洲和新西伯利亚岛，越冬于澳大利亚、新西兰。食甲壳类、软体动物、昆虫和小型无脊椎动物等。迁徙经过整个东亚海岸，部分越冬于日本、朝鲜半岛及中国南部包括台湾，国内见于内蒙古、黑龙江、云南、四川以外地区。

三趾滨鹬 *Calidris alba* Sanderling

体长 19~21cm　罕见的旅鸟　4~5 月和 9~10 月经过　LC（无危）

伯雪冬 摄

孙晓明 摄

周树林 摄

张德松 摄

形态特征：眉纹白色，繁殖期头顶泛栗色。上体黑褐色，羽缘染栗色、黄褐色或棕白色，颏喉白色具淡黑褐色点斑，胸浅棕色具暗色斑纹，至下胸、两胁斑纹变成粗箭头形斑。腹白色，尾楔形。虹膜暗褐色；嘴黑褐色，微下弯；脚绿褐色。

习性与分布：繁殖于西伯利亚东北部冻原带，食蚊虫、昆虫幼虫、甲壳、螺、软体动物和无脊椎动物，亦食植物种子。越冬于马来半岛、印度尼西亚至澳大利亚和新西兰，迁徙见于全国各地，少量越冬于台湾。

尖尾滨鹬 *Calidris acuminata* **Sharp-tailed Sandpiper**

体长 17~22cm　　常见的旅鸟　　4~5月和9~10月经过　　LC（无危）

马立明 摄

马立明 摄

马立明 摄

形态特征：体型矮壮，腿短，上体暗灰色，部分翼羽呈黑色，具棕黄色羽缘。头、胸灰色，腹白色，尾长于拢翼，与其他滨鹬区别于外侧尾羽纯白色。虹膜褐色，嘴黑色，脚黄绿色。

习性与分布：栖息于沿海滩涂和沼泽地带，繁殖于北极苔原，食蠕虫、昆虫、甲壳等动物，迁徙经过国内大部分地区，主要越冬于非洲及亚洲南部，罕见越冬于我国西南、华南、东南沿海和台湾地区。

青脚滨鹬 *Calidris temminckii* Temminck's Stint

体长 13~15cm　罕见的旅鸟　4 月中旬和 9 月中旬经过　LC（无危）

燕鸻科 Glareolidae

王军 摄

赵劲戈 摄

关克 摄

形态特征： 嘴短、基部宽，尖端窄而下弯，翼尖长，尾黑色，呈叉形。繁殖羽上体茶褐色，腰白色，喉乳黄色具黑边。非繁殖羽嘴基无红色，喉部淡褐色且外缘黑线较浅淡。飞行和栖息姿势似家燕。虹膜褐色，嘴黑色，脚赤褐色。

习性与分布： 栖息于海拔 800m 以下的低山、山脚平原、湖泊、河流、沼泽、湿地、农田等生境，食蝗虫、蚱蜢、螳螂等昆虫，亦食蟹、甲壳及小型无脊椎动物。繁殖于东北至中东部大部分地区，迁徙经我国西南和华南地区，越冬于澳大利亚。国内见于新疆、西藏、贵州以外地区。

普通燕鸻 *Glareola maldivarum* Oriental Pratincole

体长 20~28cm　　不常见的夏候鸟　　5 月上中旬迁来，9 月末 10 月初南迁　　LC（无危）

鸥科 Laridae

非繁殖羽 / 宋慧东 摄

非繁殖羽 / 李久富 摄

亚成鸟 / 周树林 摄

繁殖羽 / 周树林 摄

形态特征: 成鸟繁殖期具深褐色头罩，眼后具月牙白斑，背和翅上浅灰色，翼尖黑色，尾羽白色；非繁殖期深褐色头罩褪去，眼后具深色斑点。第一冬亚成鸟尾羽近末端具黑色带，翼后缘黑色。虹膜褐色，嘴、脚红色。

习性与分布: 喜植被繁茂的浅水湿地，也可在人工湿地环境中筑巢，食性杂，包括昆虫、蚯蚓、海洋无脊椎动物。繁殖于西北和东北地区，越冬于我国东南部沿海和北纬 32° 以南湖泊、河流湿地，全国各地常见。

红嘴鸥　*Chroicocephalus ridibundus*　**Black-headed Gull**

体长 36~42cm　常见的夏候鸟　4 月初迁来，9 月末 10 月初南迁　LC（无危）

谷国强 摄

形态特征： 上体灰色，头、颈和下体白色，初级飞羽末端黑色，具白色翼斑，尾白色。**非繁殖羽头、颈具深色纵纹，嘴尖具暗斑。**亚成鸟头部、眼周斑纹较多。虹膜、嘴、脚黄色。

习性与分布： 繁殖于北极苔原，越冬于海岸、河口，迁徙见于内陆河流、湖泊，食甲壳、鱼、昆虫、软体动物。分布于欧洲、亚洲至阿拉斯加及北美洲西部。国内共2个亚种，分布在长白山区的为堪察加亚种 *L.c.kamtschatschensis*。该亚种见于宁夏、西藏以外地区。

谷国强 摄

普通海鸥（海鸥） *Larus canus* Mew Gull

体长 44~52cm　　不常见的旅鸟、冬候鸟　　9~10 月迁来，4~5 月北迁　　LC（无危）

黑尾鸥 / 郑洪梅 摄

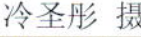

冷圣彤 摄

周树林 摄

亚成鸟 / 谷国强 摄

形态特征：成鸟上体深灰色，下体、腰白色，尾白色具黑色次端斑，合拢的翼尖具 4 个白点。非繁殖羽枕部具灰褐色斑纹，幼鸟体羽深褐色且斑驳，随着年龄增长而逐渐干净。虹膜黄色而眼周红色，嘴黄色具红色尖端和黑色次端斑，脚黄绿色。

习性与分布：栖息于沿海沙滩、悬崖以及内陆湖泊、沼泽湿地，营巢于海岸岛屿的悬崖峭壁或沙丘。食水生昆虫、鱼、甲壳及软体动物。分布于日本沿海及中国海域。国内主要繁殖于辽宁至华东沿海，迁徙经整个海岸线，越冬于华南、华东沿海和台湾。冷圣彤 2021 年 5 月 3 日见于白山市内浑江。

黑尾鸥　*Larus crassirostris*　**Black-tailed Gull**

体长 46~48cm　　不常见的旅鸟　　4 月中旬 ~ 5 月上旬和 10 月初经过　　LC（无危）

西伯利亚银鸥蒙古亚种 / 周树林 摄

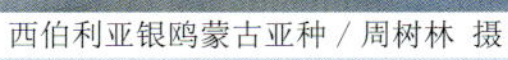

西伯利亚银鸥蒙古亚种 / 周树林 摄

西伯利亚银鸥蒙古亚种 / 柳明洙 摄

西伯利亚银鸥蒙古亚种亚成鸟 / 周树林 摄

西伯利亚银鸥蒙古亚种 / 周树林 摄

普通亚种 / 周树林 摄

普通亚种亚成鸟第一冬 / 周树林 摄

普通亚种 / 柳明洙 摄

普通亚种 / 周树林 摄

形态特征：上体浅灰色至中灰色，腿黄色至橙黄色，有时带粉色。三级飞羽及肩羽具白色月牙形斑，翼合拢时通常可见白色羽尖，飞行时初级飞羽外侧具大翼镜。第一冬幼鸟灰白色，遍体具深色斑；第二年开始呈现向成鸟过度的颜色。非繁殖羽头至颈背无褐色纵纹。虹膜黄色，嘴黄色，脚黄色。

习性与分布：繁殖于水库、湖泊等淡水湿地。主要食鱼、虾、螺类及昆虫、蜥蜴小动物，有时也食植物性食物，繁殖于俄罗斯北部及西伯利亚北部，越冬于繁殖地以南地区，国内除宁夏、西藏、青海外各地可见。国内共2个亚种，蒙古亚种*L.s.mongolicus*和普通亚种*L.s.vegae*在长白山区均有分布。普通亚种冬季头、枕密布灰色纵纹及胸部，头部整体发灰；蒙古亚种全年几乎全白，亚成鸟冬季后颈具不明显纵纹。许多学者对该种及亚种的归并、居留一直存在分歧，部分学者认为应分为两个独立种，将蒙古亚种独立为蒙古银鸥。

西伯利亚银鸥　*Larus smithsonianus*　Siberian Gull

体长 55~68cm　　常见的旅鸟　　3~4 月和 9~10 月经过　　LC（无危）

周树林 摄

肖智 摄

第一冬亚成鸟 / 周树林 摄

肖智 摄

亚成鸟 / 周树林 摄

形态特征：尾、背及两翼浅灰而近白色。非繁殖羽成鸟头顶、颈背、颈侧具褐色纵纹。亚成鸟全身灰褐斑驳。虹膜黄色，嘴黄色而具红色端斑，脚粉红色。

习性与分布：繁殖于亚北极北部苔原，越冬于繁殖区以南地区。主要食鱼、甲壳、软体动物，亦食鸟卵和幼鸟。主要见于东部沿海地区。编者 2018 年 3 月 11 日见于珲春。

北极鸥 *Larus hyperboreus* Glaucous Gull

体长 62~70 cm　　旅鸟　　LC（无危）

郑洪梅 摄

孙晓明 摄

于国海 摄

形态特征：繁殖羽头顶、颈背黑色，额白色，非繁殖羽前顶及额白色，仅后顶和枕部黑色。虹膜褐色，繁殖羽嘴黄色具黑色尖端，脚橙黄色；非繁殖羽嘴黑色，脚暗红色。

习性与分布：国内共 2 个亚种，分布在长白山区的为普通亚种 *S.a.sinensis*。该亚种广泛分布于新疆、西藏、广西以外地区，第一枚初级飞羽羽干纯白，2、3、4 枚羽干灰色。主要栖息于海岸、岛屿、江河、内陆湖泊。食小鱼、虾及鞘翅目昆虫。在长白山区分布于海拔 600m 以下低山区的湖泊、沼泽、草甸湿地，营地面陋巢于江心岛上。多见于珲春。

白额燕鸥　*Sternula albifrons*　Little Term

体长 23~28cm　　常见的夏候鸟　　4 月下旬迁来，9 月中旬南迁　　LC（无危）

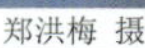
郑洪梅 摄

孙晓明 摄

形态特征：尾深叉形，繁殖羽头顶全黑色，胸灰色；非繁殖羽上翼及背灰色，尾上覆羽、腰及尾白色，额白色，头顶具黑色和白色杂斑，颈背最黑，下体白色。飞行时，非繁殖羽成鸟及亚成鸟的特征为前翼具近黑色横纹，外侧尾羽缘黑色。第一冬羽上体褐色浓重，上背具鳞状斑。虹膜褐色；嘴非繁殖羽黑色，繁殖羽内红尖端深红至黑色，脚繁殖羽偏红色而非繁殖羽色暗。

习性与分布：常见于沿海水域，也见于内陆淡水湿地，营巢于沼泽芦苇旁草丛中或水岸低洼草地。食鱼、小型水生动物及昆虫和小型无脊椎动物。国内共 3 个亚种，分布在长白山区的为东北亚种 *S.h.longipennis*。该亚种嘴纯黑色，脚乌褐色，广泛分布于东北及华北中部。

普通燕鸥 *Sterna hirundo* Common Tern

体长 31~38cm　　常见的夏候鸟　　5 月初迁来，10 月上中旬迁离　　LC（无危）

关克 摄

张德松 摄

周树林 摄

周树林 摄

形态特征：尾叉很浅，繁殖羽额至头顶黑色，上体浅灰白色，颊、颈侧、喉白色。非繁殖羽额白色，头顶具细纹，顶后及颈背黑色，下体灰黑色，翼、颈、背及以上覆羽灰色。幼鸟似成鸟但具褐色杂斑，与非繁殖期白翅浮鸥区别在于头顶黑色，腰灰色，无黑色颊纹。虹膜深褐色，嘴繁殖期深红色或黑色，脚红色。

习性与分布：结小群活动，偶成大群，喜在淡水湿地或稻田上空觅食，常掠水或扎入浅水取食鱼虾、昆虫等。分布于欧洲、亚洲中南部、大洋洲和非洲。国内见于西藏、贵州以外地区。

灰翅浮鸥（须浮鸥）　*Chlidonias hybrida*　**Whiskered Tern**

体长 23~28cm　常见的夏候鸟　5 月迁来，9 月下旬南迁　LC（无危）

孙晓明 摄

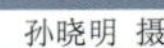

关克 摄

形态特征： 虹膜深褐色。繁殖羽嘴暗红色，脚红色，头、颈、背和下体黑色，翅上小覆羽、腰、尾白色，飞行时除尾和飞羽白色外，余部黑色。非繁殖羽嘴黑色，脚暗红色，头、颈和下体白色，头顶和枕部有黑斑并与眼后黑斑相连，延伸至眼下。

习性与分布： 栖息于内陆河流、沼泽、湖泊、河口湿地。主要食小鱼虾，亦食昆虫。国外分布于亚洲、非洲、欧洲及澳大利亚，国内见于全国各地。

白翅浮鸥 *Chlidonias leucopterus* White-winged Tern

体长 20~26cm　　常见的夏候鸟　　4 月中旬迁来，9 月中旬迁离　　LC（无危）

陆禽篇

◎鸡形目 ◎沙鸡目 ◎鸽形目

陆禽在长白山区包括鸡形目、沙鸡目和鸽形目的所有种类。

- 这一类群在生活习性上不尽相同，鸡形目鸟类属于草原或森林草原类型，翅较短圆，能在短距离内快速飞行，但不善于长途飞翔，大多数为留鸟。沙鸡目鸟类属于草原及荒漠类型，翅及尾长而尖，能集大群作长距离迁徙。鸽形目鸟类属于森林草原类型，筑巢于森林边缘的树上和山崖岩缝间，取食于草原或旷野，翅相对较长，有些种类有季节性迁徙习性。
- 陆禽的共同习性是在陆地觅食，主要以坚硬的植物种子、地下根、茎以及植物的绿色部分为食，兼食昆虫和其他小型动物；腿较短而健壮，趾尖有钝爪，是挖土掘食的利器。
- 鸡形目中的沙鸡适应于在荒漠草原生活，腿短而脚趾粗壮，被羽、后趾消失。鸡形目与沙鸡目鸟类的嘴型相似，嘴短钝而坚强，嘴峰弧形，边缘锋利，适宜于切碎坚硬的植物种子；鼻孔常被羽毛或细须掩盖，以防掘土时被尘土堵塞。鸽形目鸟类的嘴相对较细弱，基部有韧性，嘴尖端厚硬；嘴基部的鼻孔被柔软的皮肤所掩盖，称为蜡膜。
- 鸡形目雉科的雄鸟以羽色华丽及复杂的求偶动作而著称，一般是一雄多雌。大多数筑巢在地面，在浅坑内垫以草茎，每窝产卵可多达十余枚。沙鸡目与鸽形目鸟类都是一雄一雌，前者生活于荒漠、草原地区，冬季部分迁至东部的长白山。在地面筑巢，十分简陋，每巢产卵 2～4 枚；鸽形目鸟类在树上或岩崖缝隙中以枯枝、草茎编巢，每窝产卵 2 枚。
- 鸡形目鸟类的雏鸟为早成性，但10日龄以前的雏鸟还没有调节体温的能力，必须在雌鸟腹下过夜。沙鸡目与鸽形目鸟类的雏鸟为晚成性，雏鸟孵出之后，尚需亲鸟饲喂 10 余天才能离巢。沙鸡适应极端干旱的环境，能将远处的水以嗉囊带回来喂雏。鸽形目鸟类的嗉囊在育雏期能分泌富含营养的“鸽乳”，反吐喂雏。

黑琴鸡雄鸟 / 雷光辉 摄

鸡形目 GALLIFORMES

鸡形目鸟类多为大型陆栖性鸟类，有些种类体型较小，嘴形弯曲且上嘴稍长于下嘴；两翅短而圆。栖息地多样，一般喜地面生活，在林下地面或草地上觅食。有些种类白天在地面活动觅食，晚上夜宿在树上。一般为留鸟，有些山地种类有垂直迁徙的现象。杂食性，以植物性食物为主，有时也取食昆虫和其他小动物。在长白山的类群只有雉科。

黑琴鸡雄鸟 / 王国祥 摄

雉科 Phasianidae

雄鸟 / 杨宇晶 摄

雌鸟 / 孙晓明 摄

雄鸟 / 杨宇晶 摄

形态特征： 雄鸟全身黑色具绿色闪辉，翼上具白色斑块和白色翼镜，黑色的尾羽向外弯曲形若古琴而得名。雌鸟体小，深褐色，全身密布黑褐色横斑，腿上裸皮橘红色。虹膜深褐色，嘴黑色，脚铅灰色。

习性与分布： 栖息于针叶林、混交林和森林草原。营地面巢于灌丛、草丛、树下和倒木旁。主要食柳、桦及草本植物嫩叶、芽、果、种子，也食蚂蚁、蜘蛛、蜗牛等小动物。国内共 3 个亚种，分布在长白山区的为东北亚种 *L.t.ussuriensis*。该亚种分布于内蒙古东北部、黑龙江、吉林东部、辽宁、河北北部，体羽黑褐色略带棕色，头、颈、下背、腰部羽色深蓝具绿色金属光泽。

黑琴鸡　*Lyrurus tetrix*　**Black Grouse**

体长 44~61cm　不常见的留鸟　国家一级重点保护野生动物　LC（无危）

雄鸟 / 郑洪梅 摄

雄鸟 / 孙晓明 摄

雄鸟 / 郑洪梅 摄

雌鸟 / 孙晓明 摄

雌鸟 / 常战军 摄

形态特征： 小型松鸡，雄鸡具明显黑色喉部，并带有白色宽带延伸到眼前，眼前有一细黑纹，眼后具短白斑，羽冠明显，通体褐色，密布虫蠹状斑，两翼杂黑褐色斑，肩膀及翼上覆羽有白色条纹，尾羽褐色，外侧尾羽具黑色次端斑和白色端斑。雌鸡较雄鸡暗淡，喉部颜色较浅。虹膜深褐色，嘴黑色，脚角质色。

习性与分布： 常栖息于中低海拔针叶林、针阔混交林以及森林覆盖的平原地区，常单个、成对或结家族群活动于林中，喜食桦树等阔叶树嫩芽。雄性在繁殖期具有悠长的求偶炫耀哨音。国内 2 个亚种，分布在长白山区的为黑龙江亚种 *T.b.amurensis*。该亚种分布于内蒙古东北部、黑龙江、吉林东部和辽宁，上体羽色棕黄，横斑为棕褐色，腰及下背更显棕褐。

花尾榛鸡 *Tetrastes bonasia* **Hazel Grouse**

体长 34~39cm　　不常见的留鸟　　国家二级重点保护野生动物　　LC（无危）

雄鸟 / 孙晓明 摄

雌鸟 / 郑洪梅 摄

雄鸟 / 孙晓明 摄

形态特征：中等体型，喉中部、脸及腹部橘黄色，喉部具羽须。雄鸟腹部有黑色马蹄形斑，雌鸟无此斑。两肋具栗色横斑，飞时可见砖红色尾羽。虹膜暗褐色，嘴铅褐色，脚近黄色。

习性与分布：雄鸟长发出一连串“嘎、嘎”声，成对或集群活动于低山丘陵，山脚和平原地带的灌丛、草原和田野，受惊后贴地面飞行。食植物的茎、叶、果实、种子及昆虫。国内共3个亚种，分布在长白山区的为华北亚种*P.d.suschkini*。该亚种上体灰色不明显，常混以棕褐色，颊部后半呈棕色，背羽较深，栗色斑纹较浓，上胸棕色深且范围广。广泛分布于华北和东北地区。

斑翅山鹑　*Perdix dauurica*　Daurian Partridge

体长 25~31cm　　罕见的留鸟　　LC（无危）

雌鸟 / 关克 摄

雌鸟 / 郑洪梅 摄

雄鸟 / 孙晓明 摄

形态特征： 眉纹皮黄色，上体褐色，夹杂大小黑色斑块，具粗细不等的矛状黄色条纹，下体皮黄色，上胸具少量深色纵纹，胁部具栗色纵纹。繁殖期雄鸟脸、喉及上胸栗色，脚棕色。虹膜红褐色，嘴灰色，脚非繁殖期皮黄色。

习性与分布： 在长白山海拔 800m 以下低山灌丛、山岗地区均有分布，因其体色如草，一般不飞、不鸣，藏在草丛中，极难发现。食植物种子、嫩芽及昆虫。营地面巢于灌丛。分布于蒙古国、俄罗斯、朝鲜半岛、日本、不丹、缅甸、印度，国内除新疆、西藏以外均有分布。

鹌鹑 *Coturnix japonica* Japanese Quail

体长 17~19cm　罕见的夏候鸟　4 月中旬迁来，8 月末 9 月初迁离　NT（近危）

河北亚种雄鸟 / 张维进 摄

河北亚种雄鸟 / 马立明 摄

河北亚种雄鸟 / 陈保利 摄

河北亚种雌鸟 / 雨思轩 摄

河北亚种雄鸟 / 贾晓刚 摄

河北亚种雄鸟 / 周树林 摄

环颈雉 *Phasianus colchicus* Common Pheasant

体长 57~100cm　　极常见的留鸟　　LC（无危）

东北亚种左雌右雄 / 聂立民 摄

东北亚种雌鸟 / 柳明洙 摄

东北亚种雄鸟 / 秦建民 摄

东北亚种雌鸟 / 周树林 摄

东北亚种雌鸟 / 姜权 摄

形态特征：雄鸟头顶黑绿闪辉，具耳簇羽，面部裸皮红色，具白色颈环，体羽棕色至铜色闪辉，尾羽褐色带深色横纹。雌鸟通体灰棕色具深褐色斑纹。虹膜黄色，嘴角质色，脚灰色。

习性与分布：栖息于开阔林地、灌丛、沼泽、草地、半荒漠及耕地，营地面巢于大树根、灌丛，食植物种子、根茎和昆虫。全世界共 30 个亚种，广泛分布于中亚、西伯利亚东南、乌苏里流域、越南东北、朝鲜半岛、日本及北海湾。国内共 19 个亚种，除海南、西藏中西部外均有分布。在长白山区分布的亚种有 2 个：东北亚种 *P.c.pallasi* 背部、胁部草黄色，胸部浅棕色、白色颈环完整且最宽；河北亚种 *P.c.karpowi* 背和胁部深棕黄色，胸部紫铜色，白色眉纹较宽，白色颈环也较宽。

沙鸡目 PTEROCLIFORMES

沙鸡目鸟类嘴基部无蜡质，翅长而尖，尾较长，后趾消失。繁殖期主要栖息于西部沙漠地区，非繁殖期部分迁徙至长白山，喜群居。食物以植物为主，有时也取食昆虫等。分布范围不甚广，主要集中在北方地区。该目类群在长白山区仅有沙鸡科。

沙鸡科 Pteroclidae

雄鸟 / 唐金凯 摄

形态特征：上体沙棕色，翅下覆羽白色，**腹部具明显黑色斑块，中央尾羽尖长，**其他尾羽端斑白色。雄鸟胸部浅灰色，具黑色细横纹胸带；雌鸟喉部具一条黑色细横纹，颈侧密布黑色斑点。虹膜褐色；嘴铁灰色；跗跖及前趾被羽，无后趾，脚蓝灰色。

习性与分布：冬季迁来，栖息于海拔800m以下林缘草地、开阔草原及耕地边缘。主要食植物和农作物种子及植物嫩叶芽。冬季集3~5只、十只至几十只大群活动。据傅桐生、赵正阶记载，见于通化和安图。近年未见。

雌鸟 / 周树林 摄

毛腿沙鸡 *Syrrhaptes paradoxus* **Pallas's Sandgrouse**

体长 39~43cm　罕见的冬候鸟　11月中旬迁来，3~4月迁离　LC（无危）

鸽形目 COLUMBIFORMES

鸽形目鸟类身体短圆，嘴短，翅型多样，均强健有力，飞行时可听到振翅声，雌雄形态相似。栖息生境比较多样，主要以树栖为主，栖息于山地森林中，常见的一些种类也常出现在农田、空地等人工环境中。该目鸟类食物主要以植物为主。该目类群在长白山区仅有鸠鸽科。

山斑鸠 / 谷国强 摄

鸠鸽科 Columbidae

韩大军 摄

周树林 摄

谷国强 摄

亚成鸟 / 周树林 摄

形态特征：颈侧具黑白相间的条状斑纹，上体多灰色具棕色羽缘，下体酒红色，尾深灰色。虹膜黄色，嘴灰色，脚粉红色。
习性与分布：栖息于低山、丘陵、平原、林地、果园、农田生境。食植物种子。全国各地均有分布。国内共 4 个亚种，分布在长白山区的为指名亚种 *S.o.orientalis*。该亚种广泛分布于新疆、台湾以外地区。

山斑鸠 *Streptopelia orientalis* **Oriental Turtle Dove**

体长 28~36cm　常见的夏候鸟　3 月下旬迁来，10 月下旬南迁　LC（无危）

周树林 摄

肖智 摄

肖智 摄

形态特征： 体羽灰色，尾长，后颈具黑色而边缘白色的半领圈。虹膜褐色，嘴灰黑色，脚粉红色。

习性与分布： 栖息于农田村庄，常停息于房顶、电线、电杆或突兀的立木上，白天多单独或成对活动，不甚畏人，非繁殖季节常成群夜宿于针叶树上。国内共2个亚种，分布在长白山区的为指名亚种 *S.d.xanthocycla*。该亚种常见于黑龙江、辽宁、河北、北京、天津、山东、河南、陕西、山西、内蒙古、宁夏、甘肃和新疆等地区。

灰斑鸠 *Streptopelia decaocto* **Eurasian Collared Dove**

体长 25~34cm　　不常见的留鸟　　LC（无危）

柳明洙 摄

柳明洙 摄

陈保利 摄

形态特征： 上体褐色，下体粉红色，颈侧至颈后宽阔黑颈环上密布白色斑点。外侧尾羽黑色具白色端斑。虹膜橘黄色，嘴黑色，脚红色。

习性与分布： 栖息于山岳、丘陵、平原、农田。食性同其他斑鸠。国内共 3 个亚种，指名亚种 *S.c.chinensis* 北上至长白山区。该亚种见于贵州、广西、台湾、华北、华中、华南、华东地区，翼上覆羽无黑色羽干纹。柳明洙 2020 年春季记录于延吉，编者 2021 年 4 月 9 日记录于白山市张家村。该种系长白山区新记录鸟种。

珠颈斑鸠 *Streptopelia chinensis* **Spotted Dove**

体长 27~30cm　　疑似不常见的留鸟，详情待考　　LC（无危）

孙晓明 摄

形态特征： 蜡膜肉色，体羽蓝灰色，头及胸部具紫绿色光泽，翼具两道不完整黑色横斑，尾部具宽阔偏白色次端斑。虹膜褐色，嘴角质色，脚深红色。

习性与分布： 喜夜宿于悬崖、石壁洞穴。食植物种子、果实。国外分布于中亚、西伯利亚、蒙古国和朝鲜半岛。国内共2个亚种，分布在长白山区的为指名亚种 *C.r.rupestris*。该亚种广泛分布于秦岭以北的北方地区。

岩鸽 *Columba rupestris* **Hill Pigeon**

体长 30~35cm　常见的夏候鸟　4月下旬迁来，9月中旬迁离　LC（无危）

猛禽篇

◎鹰形目 ◎隼形目 ◎鸮形目

猛禽为性格凶悍的肉食性鸟类，包括鹰形目、隼形目和鸮形目的所有种类。

- 主要以小型至中型的脊椎动物，特别是鸟、兽为食物，嘴强健有力，边缘锋利，尖端钩曲，腿脚粗壮，趾端有弯曲的利爪，适应于抓捕并撕食猎物。
- 体色暗，以褐、灰色为主，常布以斑点或条纹，尾羽常有数目不等的横带。
- 猛禽的食性不尽相同，有些种类（如秃鹫）以腐尸为食；有的类群（如海雕、鹗）专以鱼类为食，它们在水面巡行，发现目标以后，从水面掠过或潜入水中抓捕，而后飞至停栖处撕食。与这种习性相适应，鹗的外趾在抓捕猎物时，更能向后方转动，成为 2 前 2 后的对趾型；而且足底的鳞片呈刺状，使抓持的鱼不易滑脱。
- 鸮形目鸟类是夜行性猛禽，羽毛柔软，飞时无声。眼大，适于夜视。多数种类两眼朝前，眼周着生放射状的细羽毛，构成“面盘”。听觉十分发达，是夜间定向的主要感官。鸮形目鸟类与鹰形目和隼形目鸟类食性相近，它们会将食物中不能消化的羽毛、兽毛、骨骼等物，在胃中形成“食丸”反吐于体外。
- 鹰形目和隼形目鸟类多在高树、岩崖或地面以树枝、草叶、毛羽等筑巢，雏鸟晚成性，需经双亲哺育几十天才能离巢。鸮形目鸟类主要在树洞或其他洞穴内垫以树叶、羽毛筑巢，产白色球形卵，雏鸟晚成性。
- 大多数猛禽具有迁徙习性，秋季集成大群，沿海岸线或山川南迁越冬，翌年春季北返至繁殖区；少数种类终年留居。

白尾海雕成鸟 / 马正巍 摄

鹰形目 ACCIPITRIFORMES

上嘴弯曲且呈钩状，翅膀强劲有力，雌鸟体型一般较雄鸟大。该目鸟类食性以肉食性为主。栖息生境复杂，多见于森林、草原、农田、居民区和海岸线等地。昼行性，白天常见于高空翱翔，有些种类会借助上升的热气流飞行。繁殖期多成对活动，有些种类会集大群长距离迁徙。鹰形目鸟类广泛分布于世界各地。主要类群有鹗科和鹰科。

鹗 / 隋志刚 摄

鹗科 Pandionidae

宋海波 摄

王弼正 摄

李兆辉 摄

形态特征：雌雄相似，头顶和颈后白色具暗褐色纵纹，头后羽矛状。上体和两翅暗褐色，尾羽淡褐色。下体除胸部具棕褐色斑纹外余部白色。脚趾有锐爪，趾底布满齿，外趾能前后反转，适于捕鱼。虹膜黄色，嘴黑色，脚灰色。

习性与分布：常见于江河、湖泊、海滨或开阔地。一般在高空翱翔或在水面上低飞窥视鱼类，偶尔潜入水中。国外除南北极洲外均有分布，国内分布遍及全国各地。越冬于华南地区。

鹗 *Pandion haliaetus* Osprey

体长 56~62cm　不常见的夏候鸟　3 月上旬迁来，9 月中旬南迁　国家二级重点保护野生动物　LC（无危）

鹰科 Accipitridae

周树林 摄

周树林 摄

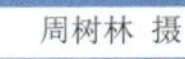

周树林 摄

形态特征：雌雄相似，雌性大。眼后至耳部黑褐明显，故又称黑耳鸢，上体暗褐色，下体棕褐色，均具黑褐色羽干纹，尾较长，呈叉状，具宽度相等的黑色和褐色相间排列的横斑；飞翔时翼下左右各有一块大的白斑。虹膜棕色，嘴灰黑色，脚土黄色。

习性与分布：栖息于开阔平原、草地、荒原和低山丘陵地带。主要食小鸟、鼠、蛇、蛙、鱼、野兔、蜥蜴和昆虫等动物。分布于欧亚大陆、非洲、印度，一直到澳大利亚。国内共3个亚种，分布在长白山区的为普通亚种*M.m.lineatus*。该亚种广泛分布于全国各地。

黑鸢 *Milvus migrans* Black Kite

体长 54~69cm　不常见的夏候鸟　4 月中下旬迁来，10 月末 11 月初南迁　国家二级重点保护野生动物　LC（无危）

刘云文 摄

陈承光 摄

亚成鸟 / 孙晓明 摄

形态特征：色型变化较大。上嘴边端具弧形垂突，基部具蜡膜或须状羽；翅宽圆而钝，扇翅节奏较隼科慢。雌鸟显著大于雄鸟。具对比性浅色喉块，边缘具浓密的黑色纵纹。头相对小而颈显长，两翼及尾均狭长，尾下具 2 条粗黑带或 3 条细黑带。虹膜橘黄色，嘴灰黑色，脚黄色。

习性与分布：食黄蜂、胡蜂、蜜蜂和其他蜂类及其他昆虫，通常栖息于密林中，营巢于多叶的树上，分布于中国、俄罗斯的西伯利亚南部至萨哈林岛、日本和朝鲜，越冬于菲律宾、马来西亚和印度尼西亚。国内共 2 个亚种，分布在长白山区的为东方亚种 *P.p.orientalis*。该亚种羽冠不显或缺如，翼端部相差达 12cm 以上，见于全国各地。

凤头蜂鹰　*Pernis ptilorhynchus*　**Oriental Honey Buzzard**

体长 52~68cm　罕见的夏候鸟　4 月末 5 月初迁来，9 月末 10 月初迁离　国家二级重点保护野生动物　LC（无危）

雌鸟 / 周树林 摄

雄鸟 / 蔡福禄 摄

亚成鸟 / 鲍殿武 摄

雄鸟 / 周树林 摄

雌鸟 / 周树林 摄

形态特征：头顶、头侧和枕黑褐色，白色杂黑的眉纹明显，背部蓝灰色，胸腹密布灰褐色与白色相间横纹，尾灰褐色，具4条宽阔黑色横斑。飞行时翼下白色，密布黑褐色横斑。雌鸟明显大于雄鸟。亚成鸟上体褐色重，下体具黑色粗纵纹。虹膜黄色，嘴角质灰色，脚黄色。

习性与分布：食鼠、兔及鸟类。国内共5个亚种，分布在长白山区的为普通亚种*A.g.schvedowi*。该亚种体色更暗，翅长约36cm，除台湾外见于全国各地。

苍鹰 *Accipiter gentilis* **Northern Goshawk**

体长 47~59cm　　常见的夏候鸟　　4月下旬迁来，8月中旬迁离　　国家二级重点保护野生动物　　LC（无危）

雌鸟 / 周树林 摄

雄鸟 / 韩大军 摄

雌鸟 / 谷国强 摄

幼鸟 / 谷国强 摄

形态特征： 雌鸟较雄鸟略大。雄成鸟上体暗灰色，头顶、后颈色较深，额、眉白色，下体白色具红褐色横纹。雌鸟上体褐色，下体灰白色具褐色横纹。虹膜亮黄色，嘴角质色具黑端，脚黄色。

习性与分布： 栖息于针叶林、混交林、阔叶林等山地森林和林缘地带。食雀形目小鸟、昆虫和鼠类，也捕食鸽形目鸟类和榛鸡等小的鸡形目鸟类，有时亦捕食野兔、蛇、昆虫幼虫。分布于欧亚大陆，非洲西北部，伊朗、印度和中国及日本。越冬于地中海、阿拉伯、印度、缅甸、泰国及东南亚国家。国内共 3 个亚种，分布在长白山区的为北方亚种 *A.n.nisosimilis*。该亚种广泛分布于青藏高原以外地区。

雀鹰　*Accipiter nisus*　Eurasian Sparrowhawk

体长 30~40cm　常见的夏候鸟　4~5 月迁来，10~11 月迁离　国家二级重点保护野生动物　LC（无危）

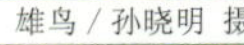
雄鸟 / 孙晓明 摄

亚成鸟 / 黄泉杰 摄

雌鸟 / 谷国强 摄

形态特征： 雄鸟上体深灰色，具颏纹，前颈纵纹稀疏，胸腹具棕色横纹，灰尾具深色横斑。雌鸟上体灰褐色，下体比雄鸟暗，具粗棕褐色横斑。虹膜亚成鸟黄色，成鸟红色；嘴蓝灰色具黑端；脚黄绿色。

习性与分布： 主要栖息于山地针叶林和混交林中，也出现在林缘和疏林地带，是典型的森林猛禽。主要以山雀、莺类等小型鸟类为食，也吃昆虫和蜥蜴。繁殖于古北界，越冬于东南亚。国内各地均有分布。

日本松雀鹰 *Accipiter gularis* **Japanese Sparrow Hawk**

体长 23~30cm　罕见的夏候鸟　4 月末 5 月初迁来，9 月下旬迁离　国家二级重点保护野生动物　LC（无危）

周树林 摄

周树林 摄

贾洪斌 摄

贾洪斌 摄

形态特征：脸部灰色，具白色眉纹，喉白色具深色喉中线。上体暗棕褐色，翅上的覆羽也是棕褐色；尾羽为灰褐色。

习性与分布：栖息于阔叶林、针阔叶混交林以及针叶林等山林地带，以小型蛇类、蛙、蜥蜴、鼠类、松鼠、野兔、狐狸和小鸟等动物性食物为食。繁殖于俄罗斯东部、日本和朝鲜等地，越冬于印度、缅甸、中南半岛、马来西亚、菲律宾、印度尼西亚和新几内亚等地。

灰脸鵟鹰 *Butastur indicus* Grey-faced Buzzard

体长 39~46cm　常见的夏候鸟　4 月末 5 月初迁来，9 月末 10 月初迁离　国家二级重点保护野生动物　LC（无危）

孙晓明 摄

周树林 摄

孙晓明 摄

形态特征：体羽褐色、黑褐色均有，头顶和颈后色浅，下体深色部分接近下腹部，深色部分在下体中央断开，翼下覆羽与飞羽对比清晰，腿被羽长，介于毛脚鵟和普通鵟之间。虹膜黄色，嘴蓝灰色，脚黄色。

习性与分布：栖息于山地、林缘、草原、荒漠，分布于广东、广西、湖南、江西以外地区。食鼠类，亦食野兔、鸟类。

大鵟 *Buteo hemilasius* Upland Buzzard

体长 57~67cm　罕见的留鸟　国家二级重点保护野生动物　LC（无危）

周树林 摄

马立明 摄

周树林 摄

形态特征： 体色变化大，上体主要为暗褐色，下体暗褐色和淡褐色，具深棕色纵纹，尾具多道暗色横斑，翼下初级飞羽基部白色，腕斑深褐明显，跗跖无被羽，尾呈扇形。虹膜黄色至褐色，嘴灰色具黑端，脚黄色。

习性与分布： 主要栖息于山地森林，营巢于疏林、林缘大树，分布于古北界及喜马拉雅山脉、非洲北部、印度、东南亚。国内遍及全国。食性同大鵟。

普通鵟　*Buteo japonicus*　Eastern Buzzard

体长 50~59cm　　常见的留鸟　　国家二级重点保护野生动物　　LC（无危）

雄鸟 / 刘金彩 摄

雄鸟 / 周树林 摄

宋海波 摄

雌鸟 / 马立明 摄

雌鸟 / 陈旭红 摄

形态特征：与普通鵟体形相似但稍大，翅膀相对狭长，头、颈、上背均为白色，周身羽毛黑白对比醒目，靠尾羽端部具深色条带为其重要特征，飞行时很显眼。虹膜黄色，嘴铅灰色，跗跖被羽，脚黄色。

习性与分布：栖息于低山丘陵、农田附近旷野，常双翅翱翔上举呈深“V”字形，尤喜定点振翅，主要捕食各种鼠类和中小型鸟类。国内共 2 个亚种，分布在长白山区的为北方亚种 *B.l.kamtschatkensis*。该亚种体羽较暗，广泛分布于东北、西北、华北、华东、华南地区。

毛脚鵟 *Buteo lagopus* **Rough-legged Hawk**

体长 50~60cm　罕见的冬候鸟　11 月迁来，4 月末迁离　国家二级重点保护野生动物　LC（无危）

左雌右雄 / 孙晓明 摄

雄鸟 / 郑洪梅 摄

雌鸟 / 宋海波 摄

形态特征：雄鸟头、颈、胸部黑色，背灰色，腹部白色，飞行翼上可见条形黑斑，翼尖黑色。雌鸟上体灰褐色，飞行时翼上可见褐色条斑，翼尖褐色，尾灰色具深色横斑。虹膜黄褐色，嘴灰色，脚黄色。

习性与分布：栖息于山坡、林缘、沼泽、农田等开阔地带，营巢于疏林的灌丛草甸上。食鼠类、小型鸟类、蛙类及昆虫。繁殖于东北亚，越冬于东南亚。国内见于宁夏、青海、新疆、西藏、海南以外地区。

鹊鹞　*Circus melanoleucos*　Pied Harrier

体长 41~49cm　　不常见的夏候鸟　　4 月迁来，9~10 月迁离　　国家二级重点保护野生动物　　LC（无危）

雄鸟 / 张根震 摄

雌鸟 / 许传辉 摄

幼鸟 / 许传辉 摄

形态特征：雄鸟体羽红棕色，头部棕白色具黑褐色纵纹，翼中部银灰色，初级飞羽前端黑褐色，其余银灰色，尾灰褐色而长。雌鸟体型大，通体深褐色，尾无横斑，头顶深色纵纹少，腰浅色不明显。

习性与分布：主要栖息于低山带的河湖沿岸的沼泽地带，主要食鸟类、鼠类，亦食蛇、蛙和昆虫。繁殖于古北界西部，越冬于非洲、印度、缅甸南部。国内东北、西北、华北、西南地区以及湖北、上海、澳门均有分布。

白头鹞 *Circus aeruginosus* **Western Marsh Harrier**

体长 48~62cm　　罕见的夏候鸟　　4 月迁来，9~10 月迁离　　国家二级重点保护野生动物　　LC(无危)

雄鸟 / 贾云国 摄

雄鸟 / 赵俊 摄

雌鸟 / 赵俊 摄

形态特征： 雄鸟头、背部黑灰色，头、颈具深色纵纹，腹羽及尾下覆羽白色，初级飞羽和黑色。雌鸟似白尾鹞，区别在于尾上覆羽，耳后无浅色项链斑纹。虹膜黄色，嘴灰黑色，脚黄色。

习性与分布： 习性似鹊鹞。繁殖于东亚，越冬于东南亚。国内各地可见。

白腹鹞 *Gircus spilonotus* **Eastern Marsh Harrier**

体长 48~58cm　常见的夏候鸟　4 月下旬迁来，10 月初迁离　国家二级重点保护野生动物　LC（无危）

雌鸟 / 孙晓明 摄

雌鸟 / 张德松 摄

雄鸟 / 蔡福禄 摄

雄鸟 / 马立明 摄

雄鸟 / 蔡福禄 摄

雌鸟 / 马立明 摄

形态特征：雄鸟灰色，从头至尾渐变浅，下体偏白，翼尖黑色。雌鸟颈侧具项链状浅色斑纹，尾羽褐色具黑褐色横斑，尾基部白色。虹膜浅褐色，嘴灰色，脚黄色。

习性与分布：习性似白腹鹞。繁殖于全北界，越冬于欧洲南部、亚种南部等地。国内繁殖于东北、西北地区，越冬于南方。

白尾鹞 *Circus cyaneus* Hen Harrier

体长 43~54cm　常见的夏候鸟　5 月迁来，10 月迁离　国家二级重点保护野生动物　LC（无危）

周树林 摄

亚成鸟 / 周树林 摄

成鸟 / 周树林 摄

亚成鸟 / 周树林 摄

成鸟 / 周树林 摄

形态特征：成鸟头部、上胸具浅褐色披针状羽毛，白色楔形尾。幼鸟嘴黑褐色，具不规则浅色点斑。虹膜成鸟黄色，亚成鸟褐色；嘴、脚黄色。

习性与分布：栖息活动于湖泊、河流、海岸、岛屿及河口地区，繁殖于欧亚大陆北部和格陵兰岛，繁殖期间尤喜有高大树木的水域或森林地区的开阔湖泊与河流地带，越冬于朝鲜、日本、印度、地中海和非洲西北部。主要捕食鸥鸟等水禽和小动物。在长白山区常见于珲春。

白尾海雕　*Haliaeetus albicilla*　White-tailed Sea Eagle

体长 74~92cm　常见的旅鸟　10~11 月和 3~4 月经过　国家一级重点保护野生动物　LC（无危）

亚成鸟 / 周树林 摄

柳明洙 摄

周树林 摄

形态特征： 比其他海雕稍大，体羽以黑褐色为主，头、颈部具披针状羽毛，头部具褐色纵纹，成鸟肩、尾白色。虹膜褐色，嘴黄色而大，脚黄色。

习性与分布： 主要栖息于海岸附近河谷地带。分布于俄罗斯至东部沿海地带。国内主要分布于东北、华北及台湾，在长白山区主要见于珲春。主要食鱼，也食哺乳动物。

虎头海雕 *Haliaeetus pelagicus* **Steller's Sea Eagle**

体长 85~105cm　　常见的旅鸟　　3 月和 10 月经过　　国家一级重点保护野生动物　　VU（易危）

黄泉杰 摄

唐万玲 摄

形态特征：成鸟上体暗褐色，下体颜色较淡，尾上覆羽白色。亚成鸟和幼鸟体色较淡，背及翅上有许多灰白色斑点，又称芝麻雕。飞行时两翼平直，尾短而圆，翱翔时翅膀不上举成“V”字形，以此和其他雕类区别。虹膜褐色，嘴灰色，脚黄色。

习性与分布：栖息于丘陵、低山开阔森林中，有时也出现在开阔水域周围。繁殖于俄罗斯南部、西伯利亚南部、土耳其、印度西北部，越冬于非洲东北部、印度南部、东南亚至印度尼西亚。国内分布于全国各地。

乌雕 *Clanga clanga* Greater Spotted Eagle

体长 61~74cm　　罕见的夏候鸟　　4 月上旬迁来，9 月中旬迁离　　国家一级重点保护野生动物　　VU（易危）

张国强 摄

形态特征：成鸟头部和后颈部羽色浅，呈棕褐色，肩部有明显白色羽区，与体羽对比明显，飞时两翅平举，呈浅“V”字形，尾长，飞行时尾羽夹紧不成伞形。幼鸟与亚成鸟色较淡，头顶黄褐色，背具黄褐色斑点。与金雕相似但有白色肩羽。虹膜红褐色，嘴灰蓝色，脚黄色。

习性与分布：栖息于中低海拔的山地森林和林缘地带，近湿地繁殖。多单独活动，常翱翔于天空或静立于岩石上，主要以两栖爬行动物、哺乳动物和鸟类为食。分布于古北界和印度西北部。国内分布于东北、华北、西北、西南、华东、华南地区。

白肩雕 *Aquila heliaca* Imperial Eagle

体长 73~84cm　罕见的旅鸟　4 月上旬、9 月末 ~11 月经过　国家一级重点保护野生动物　VU（易危）

金雕成鸟 / 孙晓明 摄

亚成鸟 / 周树林 摄

亚成鸟 / 周树林 摄

亚成鸟 / 宋海波 摄

形态特征: 体大强壮，身体黑褐色，颈具金色披针羽。幼鸟尾羽基部有大面积白色，翅下有白斑，成长过程白色区域逐渐变小。虹膜栗褐色，嘴基蓝灰色，端部黑色，脚黄色。

习性与分布: 主要栖息于高山林区、草原、荒漠、河谷地带，常借热气流高空翱翔，翅膀呈深“V”字形，最高海拔可到4000m以上。以大中型的鸟类和兽类为食。广泛分布于北美洲、欧洲、中东、东亚及西亚、非洲北部，国内共2个亚种，分布在长白山区的为东北亚种（高玮译作东北亚种，张正旺译作华西亚种）*A.c.kamtschatica*。该亚种体色较淡，广布于东北和内蒙古东北部。

金雕 *Aquila chrysaetos* Golden Eagle

体长 78~105cm　不常见的留鸟　国家一级重点保护野生动物　LC（无危）

贾晓刚 摄

周树林 摄

马立明 摄

孙晓明 摄

形态特征：头后具黑色羽冠，上体灰褐色，喉、胸白色并具明显纵纹和横斑，下体余部浅褐色，两翼宽阔，飞行时翼下可见平行黑斑，尾展开呈扇形具平行横斑。虹膜黄色至褐色，嘴偏黑色，蜡膜绿黄色，脚黄色。

习性与分布：繁殖期栖息于山地森林，国内共 2 个亚种，分布在长白山区的为东方亚种 *N.n.orientalis*。该亚种翅较长，雌鸟达 50cm 以上，分布于内蒙古东北部。孙晓明 2011 年 6 月见于抚松。

鹰雕 *Nisaetus nipalensis* Mountain Hawk-eagle

体长 67~86cm　　罕见的留鸟　　国家二级重点保护野生动物　　LC（无危）

郑洪梅 摄

周树林 摄

周树林 摄

周树林 摄

左成鸟右亚成鸟 / 周树林 摄

形态特征：全身黑褐色，成鸟头部裸露，颈羽松软，常缩脖站立。幼鸟羽色深，头部具黑色短绒羽。两翼极宽大，翅前缘和后缘近乎平行，初级飞羽翼指明显，尾短，呈楔形。虹膜暗褐色，嘴灰褐色，脚灰白色。

习性与分布：起飞笨拙，需助跑，常在空中长时间翱翔，多取食腐肉，进食常集小群。偶尔也捕杀小动物，平时则多单独活动。栖息于山区、丘陵、裸岩、草原生境，广布于西班牙、巴尔干地区、土耳其至中亚，国内各地均有分布。

秃鹫 *Aegypius monachus* Cinereous Vulture

体长 100~120cm　不常见的留鸟　国家一级重点保护野生动物　NT（近危）

隼形目 FALCONIFORMES

隼形目鸟类大多翅长而尖，飞行迅捷，大多数种类善于在高空翱翔，巡查地面猎物并俯冲抓捕。平时则栖息于高树上或岩崖处，伺机猎食。隼形目鸟类嘴、脚强健并具利钩，适应于抓捕并撕裂食物。嘴基部具蜡膜；翅膀强健有力，善于疾飞，体羽大多灰色、褐色或黑色。食物以小型至中型脊椎动物为主。除繁殖期外大多数单独活动。雌鸟比雄鸟大。广泛分布于世界各地。该目鸟类为昼行性猛禽，代表类群为隼科。

黄爪隼雄鸟 / 周树林 摄

隼科 Falconidae

雌鸟 / 周树林 摄

雌鸟 / 张国强 摄

形态特征： 雄鸟似红隼而无髭纹，头部灰蓝色，喉皮黄色，背、胸、腹棕红色，背部无斑点，腹部具稀疏的黑斑。翼上覆羽蓝灰色，尾蓝灰色，次端斑黑色宽阔，白色端斑狭窄。雌鸟与红隼相似。虹膜褐色，嘴灰色而端灰色，蜡膜黄色，脚黄色，爪淡黄色。

习性与分布： 栖息于开阔的荒山旷野以及村庄附近。常在空中飞行，并频繁滑翔。国外见于欧洲南部及非洲北部、中亚、印度、缅甸、老挝。国内分布于山东、河南、山西、湖北及东北、西北、西南各地。

黄爪隼　*Falco naumanni*　Lesser Kestrel

体长 29~32cm　罕见的夏候鸟　3 月末 ~4 月中旬迁来，10 月末 11 月初南迁　国家二级重点保护野生动物　LC(无危)

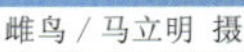
雌鸟 / 马立明 摄

雄鸟 / 贾晓刚 摄

雌鸟 / 宋锡升 摄

形态特征：雄鸟背部具黑色斑点，翼上覆羽无灰色，下体纵纹较多。雌鸟下体多黑色斑点。虹膜褐色，嘴灰色而端黑色，蜡膜黄色，脚黄色。

习性与分布：飞翔时两翅快速地扇动，偶尔进行短暂的滑翔。栖息于山地森林及开阔地带，在城市也常有分布记录。分布于非洲、古北界、印度，越冬于东南亚。国内共有 2 个亚种，分布在长白山区的为普通亚种 *F.t.interstinctus*。该亚种体色较暗淡，广泛分布于全国各地。

红隼 *Falco tinnunculus* Common Kestrel

体长 32~39cm　　常见的留鸟　　国家二级重点保护野生动物　　LC(无危)

雄鸟 / 刘西锋 摄

雌鸟 / 刘西锋 摄

郑洪梅 摄

左雌右雄 / 韩大军 摄

形态特征： 雄鸟上体烟灰色，下体浅灰，色差较大，飞行时翼下覆羽白色。雌鸟额白色，头顶灰色具黑色纵纹；背、尾灰色，尾具黑色条纹；下体乳白色，胸部具黑色纵纹，腹部具黑色横斑；翼下白色并具黑色点斑及横斑。亚成体似雌鸟但下体横纹棕褐色。虹膜褐色，嘴灰色，蜡膜、脚橙红色。

习性与分布： 食鼠类及昆虫。繁殖于西伯利亚至朝鲜北部，迁徙时见于印度和缅甸，在非洲越冬。中国除新疆、西藏、海南外，见于全国各地。

红脚隼（阿穆尔隼） *Falco amnurensis* Amnur Falco

体长 25~30cm　不常见的夏候鸟　4 月中旬迁来，9 月中旬迁离　国家二级重点保护野生动物　LC(无危)

孙晓明 摄

亚成鸟 / 周树林 摄

王顺 摄

形态特征： 雄鸟头顶眼后黑色延伸到枕后，与黑色上体相连，具白色眉纹，眼下具粗黑色髭纹，脸颊、颏、喉及胸腹白色，胸腹部具黑色纵纹，上体包括两翼深灰色或黑色，下腹、腿及臀羽栗红色。雌鸟似雄鸟但偏褐色，下腹和尾下覆羽也具细黑色纵纹。虹膜黑褐色具黄色眼圈；嘴蓝灰色且尖端黑色，嘴基具黄色蜡膜；脚黄色。

习性与分布： 多栖息于有稀疏树木和灌木的开阔生境，也见于林缘地带，常以小型鸟类和昆虫为食，捕食于空中，两翼狭窄而飞行敏捷。国内共 2 个亚种，分布在长白山区的为指名亚种 *F.s.subbuteo*。该亚种翅较长，分布于东北、华北、西北各地区以及青藏高原地区。

燕隼 *Falco subbuteo* **Eurasian Hobby**

体长 29~35cm　常见夏候鸟　4 月上旬迁来，9 月下旬迁离　国家二级重点保护野生动物　LC(无危)

雌鸟 / 孙晓明 摄

雌鸟 / 陈保利 摄

雄鸟 / 孙晓明 摄

形态特征：体型与燕隼相似。雌雄异色。雄鸟上体、两翅蓝灰色具黑色羽干纹；后颈有一道黑斑的棕色领圈；下体棕白色，尾羽末端淡灰或白色，具宽阔黑色次端斑。雌鸟上体蓝灰色，领圈羽缘白或棕白色；下体灰白或棕白色。虹膜暗褐色；眼周和蜡膜黄色；嘴蓝灰色，尖端黑色；脚橙黄色；爪黑色。

习性与分布：国内共 4 个亚种，分布在长白山区的为普通亚种 *F.c.insignis*。该亚种雄鸟上体淡灰或淡褐色，翅长 20~21.6cm，雌鸟翅长 22.5~22.7cm，广泛分布于东北、华北、西北、西南、华南、华东各地区。

灰背隼　*Falco columbarius*　Merlin

体长 27~32cm　　罕见的旅鸟　　9~10 月和 3~4 月经过　　国家二级重点保护野生动物　　LC(无危)

亚成鸟 / 周树林 摄

亚成鸟 / 周树林 摄

陈保利 摄

孙晓明 摄

形态特征：上体暗褐色具砖红色点斑和横斑，头、颈和后背黄白色具褐色纵斑，两翅和尾黑褐色，下体淡棕色，胸、腹均杂以宽阔的褐色纵纹。虹膜黑褐色，嘴褐色，脚暗褐，爪黑色。

习性与分布：食中小型鸟类、野兔、鼠类等动物。分布于中欧、北非、印度北部、中亚至蒙古国。国内共 2 个亚种，偶见于长白山区的为中国亚种 *F.c.milvipes*。该亚种分布于吉林、辽宁、山西及华北、山东、西北、西南地区。郑光美界定为夏候鸟，刘阳界定为冬候鸟，赵正阶、高玮、张正旺界定为无，有待考证。

猎隼 *Falco cherrug* **Saker Falcon**

体长 42~60cm　不常见的夏候鸟　3~4 月迁来，9~10 月迁离　国家一级重点保护野生动物　EN(濒危)

成鸟 / 孙晓明 摄

亚成鸟 / 王弼正 摄

伯雪冬 摄

綦梅 摄

周树林 摄

形态特征： 成鸟头顶及脸颊近黑或具黑色条纹，上体蓝灰具黑色点斑及横纹，下体白色，胸具黑色纵纹，腹部、腿及尾下多具黑色横纹。虹膜黑色，嘴灰色，蜡膜黄色，脚黄色。

习性与分布： 常在鼓翼飞翔时穿插滑翔，也常在空中翱翔。为世界上飞行最快的鸟种之一。营巢于悬崖峭壁。国内共个 5 亚种，分布在长白山区的为普通亚种 *F.p.calidus*。该亚种颊纹宽，头顶较灰蓝，无锈红色，颈部无棕色，上体较淡，下体几乎纯白，广泛分布于东北、华北、西北、华东地区以及山东、河南、山西、东部沿海地区。綦梅 2020 年 10 月 25 日曾见与赋松。

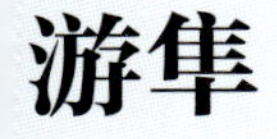

游隼　*Falco peregrinus*　**Peregrine Falco**

体长 41~50cm　　不常见的夏候鸟　　3 月和 10 月偶见　　国家二级重点保护野生动物　　LC(无危)

鸮形目 STRIGIFORMES

鸮形目鸟类俗称为“猫头鹰”，大部分种类为夜行性鸟类。体型大小不一，嘴强健，尖部弯曲，脚强劲有力，均常被羽毛。小型种类主要捕食昆虫；中等体型种类取食广泛，如昆虫、鱼类、两栖爬行类、啮齿类动物等；大型种类主要捕食啮齿动物，有时也食昆虫和鸟类。在长白山区的类群为鸱鸮科。

纵纹腹小鸮幼鸟 / 金广山 摄

鸱鸮科 Strigidae

周树林 摄

周树林 摄

周树林 摄

幼鸟 / 王维 摄

形态特征：上体暗褐色，额、脸棕白色，脸盘具明显黑褐色边缘，后颈具浅色白领环，上体具灰褐色斑驳纵纹，下体具红褐色斑驳纵纹及浅褐色波状横纹，腹部中央及覆腿羽白色。虹膜红色，嘴灰黑色，脚被羽。

习性与分布：夜行性，营巢于天然树洞，有时利用啄木鸟的弃洞，食鼠类、金龟子、蝗虫等昆虫及小型鸟类。分布于东北、华北及陕西、甘肃东南等地。

北领角鸮 *Otus semitorques* Japanese Scops Owl

体长 21~26cm　常见的留鸟　国家二级重点保护野生动物　LC（无危）

周树林 摄

形态特征：有褐色和灰色两种类型，脸盘灰褐色，边缘黑褐色，眉与耳羽内侧淡黄色，颈后具淡黄色横斑。虹膜黄色，嘴角质灰色，脚褐灰色。

习性与分布：国内共 3 个亚种，分布在长白山区的为东北亚种 *O.s.stictonotus*。该亚种见于东北、华北地区及陕西、四川、重庆。主要以鼠类为食，亦食蚂蚁、昆虫等。

红角鸮 *Otus sunia* **Oriental Scops Owl**

体长 18~21cm　常见的夏候鸟　4 月末 5 月初迁来，9 月末 10 月初迁离　国家二级重点保护野生动物　LC（无危）

伯雪冬 摄

贾晓刚 摄

蔡福禄 摄

孙晓明 摄

王艳霞 摄

蔡福禄 摄

形态特征： 体型大，耳簇羽长，眼大而圆，颏至前胸污白少纹，胸部黄色，多具深褐色纵纹且每片羽毛均具褐色横斑，体羽褐色斑驳，脚被羽。虹膜橘黄色，嘴灰色，脚黄色。

习性与分布： 繁殖季节多栖息于山区，营巢于岩壁凹处或洞穴内。飞行迅速，振翅幅度大，冬季也出现在开阔原野甚至城市园林。分布于长白山区的为东北亚种 *B.b.ussuriensis*。该亚种见于东北、华北地区，体色较暗，上体黑褐色纵纹较多，下体淡棕色近黄。

雕鸮 *Bubo bubo* Eueasian Eagle-owl

体长 60~75cm　常见的留鸟　国家二级重点保护野生动物　LC（无危）

形态特征： 体型巨大，角状耳羽簇宽、长且水平状，上体深褐色，拢翼时初级飞羽具黑色横斑，下体具黑褐色纵纹和细横纹。

习性与分布： 栖息于水源附近林中，营巢于地面或倒木旁，夜行性，常静立岸边石上伺机觅食，或涉水觅食，或钻入水中觅食。主要食鱼、虾。主要分布于俄罗斯远东、日本和朝鲜半岛，国内罕见于黑龙江、吉林和内蒙古东北部。

孙晓明 摄

毛腿雕鸮（毛腿渔鸮） *Bubo blakistoni* Blakistoun's Eagle Owl

体长 67~77cm　罕见的留鸟　国家一级重点保护野生动物　EN（濒危）

马立明 摄

周树林 摄

马立明 摄

杨恩成 摄

形态特征: 脸盘灰色，无耳羽，上体深褐色具近黑色纵纹和棕红色或白色斑点，下体皮黄灰色具深褐色粗重纵纹。虹膜黑褐色，嘴橘黄色，脚被羽，具皮黄色及灰色横斑。

习性与分布： 遍布于长白山中低林带和边远山麓，主要食鼠类和蝼蛄等昆虫，亦食林蛙和小鸟。国内共 2 个亚种，分布在长白山区的为北方亚种 *S.u.nikolskii*。该亚种广泛分布于东北、新疆北部、北京和内蒙古东北部。

长尾林鸮 *Strix uralensis* Ural Owl

体长 45~54cm　　常见的留鸟　　国家二级重点保护野生动物　　LC（无危）

贾晓刚 摄

隋英 摄

马立明 摄

形态特征： 通体灰色，具黑褐色纵纹和细横纹，无耳羽簇，脸盘具深浅色同心圆，眼间有对称的“C”形白色饰羽，虹膜、嘴黄色，脚橘黄色。

习性与分布： 在长白山区分布于海拔 800~1800m 的针阔混交林，营巢于高大树顶枝丫上，性机警，头不停转动窥视，主要食鼠类。分布于北美、欧洲北部至俄罗斯远东、蒙古国。国内分布于东北、内蒙古东北部和新疆西北部。据傅桐生记载长白山区有罕见分布，高玮记载分布于白山、延边。近年鲜有见到。

乌林鸮 *Strix nebulosa* Great Grey Owl

体长 59~69cm　　罕见的留鸟　　国家二级重点保护野生动物　　LC(无危)

张根震 摄

高文玲 摄

形态特征：头型圆，无耳羽簇，面盘橙棕色或黑褐色，上缘灰白色，眉纹偏白色，嘴上至头顶具黑褐色纹，体羽深褐色，具纵纹和杂斑。虹膜深褐色，嘴黄色，跗跖被羽，脚黄色。

习性与分布：栖息于中低海拔山地林区。性机警，头不停转动，四处窥视。夜行性，食鼠、蛙、昆虫和小鸟。营巢于大树顶端树枝上。分布于中亚、西亚及欧洲、非洲。国内共 3 个亚种，分布在长白山区的为河北亚种 *S.a.ma*。该亚种广泛见于东北、河北、北京和山东，体色较浅淡，羽缘近白色。

灰林鸮　*Strix aluco*　Tawny Owl

体长 37~40cm　　罕见的留鸟　　国家二级重点保护野生动物　　LC（无危）

形态特征：脸盘不明显，体色较暗，头部黑褐色，眼间具白斑。腹部白色具黑褐色纵纹。虹膜黄色，嘴蓝灰色，跗跖被羽，脚黄色。

习性与分布：栖息于各种林地，晨昏、夜晚捕食，食昆虫、鼠类、小鸟。营巢于树洞、岩缝，亦利用鸳鸯旧巢。分布在长白山区的为日本亚种 *N.j.japonica*。该亚种分布于东北、华北地区以及山东、湖北等地。

贾晓刚 摄

日本鹰鸮（北鹰鸮）　*Ninox japonica*　Northern Boobook

体长 27~33cm　　罕见的夏候鸟　　4 月下旬迁来，9 月下旬南迁　　国家二级重点保护野生动物　　LC（无危）

亚成鸟 / 周树林 摄

蔡福禄 摄

杨恩成 摄

郑洪梅 摄

形态特征：无耳羽簇，头顶平，眉色浅，白色髭纹宽阔，上体褐色，具白色纵纹及点斑，肩上有两道白色或皮黄色横斑。虹膜亮黄色，嘴角质黄色，脚被白色羽。

习性与分布：栖息于低山丘陵、开阔原野，白天常于地面活动，高可至海拔 4600m，部分昼行性，静立时常为周围响动吸引，快速机械地点头或转动，飞行时上下起伏。营巢于崖缝、岩洞、树洞，主要食鼠类，亦食蚱蜢、蝴蝶、蛾子等昆虫。国内共 5 个亚种，分布在长白山区的为普通亚种 *A.n.plumipes*。该亚种上体暗沙褐色，头、背白斑细而明显，有时沾棕色，下体褐色纵纹暗而多，体型较小，广泛分布于东北、华北、西北地区以及江苏、台湾。

纵纹腹小鸮 *Athene noctua* **Little Owl**

体长 23cm　　常见的留鸟　　国家二级重点保护野生动物　　LC（无危）

马立明 摄

郑洪梅 摄

孙晓明 摄

周树林 摄

贾晓刚 摄

形态特征：上体黄褐色具暗色斑块及黄、白色点斑。下体黄色具黑褐色纵纹，羽毛黄色，脸盘圆形，边缘具黑褐色和白色，具明显耳簇羽，眼间具明显白色“X”形斑纹。虹膜橙黄色，嘴黑色，较偏粉色。

习性与分布：栖息于各种林地、农田、城市。营巢于树洞、石缝、土洞，有时在次生林占据喜鹊巢。夜行性，食鼠类、蝙蝠、昆虫及小鸟等。分布于海南以外各地。

长耳鸮　*Asio otus*　Long-eared Owl

体长 33~40cm　　常见的留鸟　　国家二级重点保护野生动物　　LC（无危）

聂立民 摄

孙晓明 摄

聂立民 摄

形态特征： 脸盘显著，短小耳羽与暗色眼圈使其区别于长耳鸮，上体黄褐色，遍布黑色和皮黄色纵纹，下体皮黄色具深褐色纵纹，翼长，飞行时黑色的腕斑易见。虹膜黄色，嘴黑色，脚偏白色。

习性与分布： 常栖息低山丘陵、开阔原野或近水草地，冬季也进城市。营巢于林中天然树洞或占用啄木鸟旧洞、喜鹊巢，有时营地面巢于草丛中。

短耳鸮 *Asio flammeus* Short-eared Owl

体长 35~40cm　罕见的留鸟　国家二级重点保护野生动物　LC(无危)

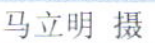

马立明 摄

杨承武 摄

马立明 摄

形态特征： 头型圆，无耳羽簇，颏深褐色，脸盘白色，边缘深褐色，额具白色斑点，上胸白色，上体棕褐色具白色斑点，下体白色具明显横纹，尾长具白色横斑纹。虹膜黄色，嘴偏黄，脚浅色被羽。

习性与分布： 栖息于原始针叶林、混交林。营巢于枯树顶或树洞，白天亦觅食，晨昏活动频繁。主要食鼠类，亦捕食鸟类、野兔和其他小型动物。国内共有 2 个亚种。分布在长白山区的为指名亚种 *S.u.ulula*。该亚种见于黑龙江、吉林北部、内蒙古东北部，体色较淡，体型较小，雌雄平均翅长分别为 23.6cm 和 23.3cm。该种系长白山区新记录鸟种。姜权 2017 年 7 月 6 日见于长白山西坡景区。

猛鸮　*Surnia ulula*　Hawk Owl

体长 34~40cm　罕见的冬候鸟　居留时间待考　国家二级重点保护野生动物　LC（无危）

攀禽篇

◎夜鹰目 ◎雨燕目 ◎鹃形目 ◎犀鸟目 ◎佛法僧目 ◎啄木鸟目

攀禽是典型的森林鸟类，适应于树栖攀援。这一类群的腿脚短，有多种多样的足型和嘴型。

- 鹃形目鸟类是对趾型足，足趾的第 2、3 趾朝前，1、4 趾朝后。夜鹰目、佛法僧目、戴胜目和犀鸟目鸟类的足型属于并足型，前三趾的足趾基部有不同程度的连并现象。雨燕目鸟类的足型称前趾型，其后趾反转朝前，以 4 趾向前在岩崖等地攀爬。
- 从嘴型看，鹃形目鸟类的嘴较纤细而下弯，适食昆虫。尾及翅均长，外观似隼。啄木鸟目鸟类的嘴粗壮如凿状，舌运动自如，尖端有刺钩，能啄凿树皮，钩食树皮下的昆虫；与之相适应，尾羽羽干坚硬而有弹性，成为啄树时的稳定支架。
- 夜鹰目是夜行性鸟类，体羽松软，飞时无声；体色以灰、褐为主，适于在白天隐蔽；嘴宽阔，口须发达，翅尖而长，飞翔迅捷，能在空中兜捕飞虫。
- 佛法僧目中的翠鸟科鸟类适应于在林间溪流中啄食鱼类，嘴极粗壮，尾短，翅短圆，当发现猎物后，能俯冲入水捕啄；佛法僧科鸟类的嘴短而粗壮，嘴尖有钩，能在空中上下翻飞追捕飞虫。
- 戴胜目鸟类具有扇状冠羽和细长而下弯的嘴，易于在土中啄食蝼蛄等昆虫。
- 雨燕目鸟类在生活方式和食性方面，与家燕有很大的生态趋同性；嘴短宽，口须发达，翅长而尖，善在高空疾飞兜捕飞虫。
- 攀禽大多在洞穴中筑巢，雏鸟晚成性。犀鸟目的鸟类在树干上凿洞筑巢，佛法僧目的翠鸟在土崖上凿洞筑巢。其余类群主要利用天然洞穴或岩缝，有的利用啄木鸟的旧洞，有的利用其他大型鸟类（如用喜鹊、乌鸦）的旧巢。鹃形目杜鹃科中很多种类有寄生性繁殖习性。
- 除少数类群（如雨燕、戴胜、啄木鸟等）广泛分布于各地外，攀禽的大多数属热带及亚热带森林鸟类。

戴胜 / 周树林 摄

夜鹰目 CAPRIMULGIFORMES

夜鹰目鸟类嘴短且软，基部宽阔，嘴须发达，雌雄相似。该目鸟类主要栖息在森林中，常见于山地森林的空地，有时也出现在城市建筑物上。为夜行性鸟类，食物以昆虫为主。分布广泛，几乎分布于全世界。在长白山区的类群为夜鹰科。

夜鹰科 Caprimulgidae

形态特征：喉下具白斑，上体灰褐色，杂以黑褐色和白色蠕虫状斑纹，飞羽具白斑，中央尾羽黑色，外侧尾羽有白色次端斑。虹膜褐色，嘴黑褐色，脚红褐色。

习性与分布：栖息于海拔1100m以下的山林，夜间或晨昏活动，捕食昆虫，白天贴于老树干，故俗称“贴树皮”，鸣声为响亮短促的哒哒哒哒哒声。国内共2个亚种，分布在长白山区的为普通亚种 *C.i.jotaka*。该亚种见于青海、西藏以外各地，体色较暗，翼端较尖。

孙晓明 摄

普通夜鹰 *Caprimulgus indicus* Grey Nightjar

体长24~29cm　不易见的夏候鸟　5月迁来，9月末10月初迁离　LC（无危）

雨燕目 APODIFORMES

雨燕目鸟类嘴短而扁，尖端稍稍弯曲，基部较宽；翅膀尖而长，飞行能力非常强；尾型变化较大，多数种类为叉状尾。常在空中飞行捕食昆虫，速度快且十分敏捷。分布范围极广，为世界性广布类群。在长白山区的类群为雨燕科。

雨燕科 Apodidae

形态特征：额具白色，喉、尾下覆羽白色，翅黑色而狭长，具紫绿色闪辉，尾短而末端呈针状。虹膜、嘴、脚黑色。

习性与分布：分布于俄罗斯远东、蒙古国、东亚、马来半岛和澳大利亚。国内共2个亚种，分布在长白山区的为指名亚种 *H.c.caudacutus*。该亚种广泛见于东北、华北和华中地区。

田穗兴 摄

白喉针尾雨燕 *Hirundapus candacutus* White-throated Needletail

体长20~21cm　不常见的夏候鸟　5月中旬迁来，9月上旬迁离　LC（无危）

关克 摄

于国海 摄

形态特征： 喉偏白色，上体黑色，翅长，下体黑褐色，羽缘近白色，腹部鳞状明显，腰白色，尾长叉深。虹膜深褐色，嘴黑色，脚偏紫色。

习性与分布： 活动于近溪流的水库、森林和苔原，集小群觅食于栖息地上空，营巢于高山岩缝，分布于亚洲、澳大利亚。国内有 2 个亚种，分布在长白山区的为指名亚种 *A.p.pacificus*。该亚种广泛分布于东北、华北、华东、华南、西北地区及西藏和台湾。

白腰雨燕 *Apus pacificus* Fork-tailed Swift

体长 17~20cm　不常见的夏候鸟　5 月初迁来，8 月末 9 月初南迁　LC（无危）

周树林 摄

关克 摄

形态特征： 似家燕但体型较大，体羽近纯黑褐色，喉白色，腹部鳞状模糊，尾羽叉状。虹膜黑褐色，嘴、脚黑色。

习性与分布： 活动于开阔旷野、水边及城市，营巢于崖壁、高大建筑、古建筑檐下以及桥墩。繁殖于欧亚大陆，国内主要分布于东北、华北、华中北部和西北地区。

普通雨燕（普通楼燕） *Apus apus* Common Swift

体长 16~19cm　不常见的夏候鸟　4 月迁来，8 月南迁　LC（无危）

鹃形目 CUCULIFORMES

鹃形目鸟类多为中等体型，身上遍布斑纹，一般雌雄颜色差异不大，有些种类雌雄异色。除个别种类外，该目鸟类均为树栖性鸟类，均为夏候鸟。其中大杜鹃因为鸣声脍炙人口，迁徙的日期现在被当作物候监测的主要指示物种之一。鹃形目大部分物种有“巢寄生”习性，它们将卵产于其他鸟类的巢中。鹃形目鸟类分布极广，主要类群为杜鹃科。

大杜鹃雄鸟 / 隋英 摄

杜鹃科 Cuculidae

左东方大苇莺、右大杜鹃 / 王维 摄

雄鸟 / 隋英 摄

雄鸟 / 谷国强 摄

棕色型雌鸟 / 谷国强 摄

形态特征： 头颈至前胸、上体灰色，腹部近白色而具黑色横斑。雌鸟头颈至前胸、上体、尾羽棕色，背部具黑色横斑，腹白色而具黑色细密横斑纹，幼鸟枕部有白色块斑。虹膜及眼圈黄色，嘴上部深色而下部黄色，脚黄色。

习性与分布： 栖息于针阔混交林，也可见于草原、半荒漠地区。食昆虫，巢寄生。繁殖季节常在电杆、篱笆或树枝等突出位置连续鸣叫或停留。鸣声多为 2 音节的“布谷”，有时也杂以 3 音节的“布布谷”。分布于亚、非、欧洲，国内遍及全国，分布在长白山区的为指名亚种 *C.c.canorus*。该亚种广泛分布于东北、西北、华北地区和台湾。

大杜鹃 *Cuculus canorus* Common Cuckoo

体长 32~35cm　常见的夏候鸟　5 月中旬迁来，8 月末 9 月初南迁　LC（无危）

关克 摄

形态特征：上体灰色，下体具粗横斑，腹部沾棕白色，尾黑灰色，端部具小块白色横斑，尾羽外侧具白色小斑点。棕色型雌鸟腰部也具横斑。虹膜红褐色，眼圈黄色。

习性与分布：栖息于山地针叶林和混交林，食昆虫，巢寄生。分布于俄罗斯、蒙古、东亚、东南亚和澳大利亚。国内见于东北、华北、华东、华中、华南地区及台湾、广西、陕西南部、新疆东北部。鸣声为低平连续的 2 音节“咕咕”。

东方中杜鹃 *Cuculus optatus* **Oriental Cockoo**

体长 25~34cm　不易见的夏候鸟　5 月上旬迁来，8 月末南迁　NR（未认可）

雄鸟 / 陈夏富 摄

孙晓明 摄

雄鸟 / 王志宝 摄

雌鸟 / 朱英 摄

形态特征：雄鸟头、颈灰色，背灰褐色；雌鸟头、颈、胸、背染棕褐色。下体灰白色具黑色粗横带，尾具白斑和黑色宽带。虹膜暗褐色；眼圈黄色；上嘴黑色，下嘴偏黄色；脚黄色。

习性与分布：栖息于低山林地、平原、城乡结合处，食昆虫，巢寄生。鸣声为 4 音节似“快快割谷”“光棍好苦”或“姑姑等等”。分布于喜马拉雅山脉、斯里兰卡、东南亚。国内分布于新疆、西藏、青海以外地区。

四声杜鹃 *Cuculus micropterus* **Indian Cuckoo**

体长 31~34cm　不易见的夏候鸟　5 月迁来，8 月末 9 月初南迁　LC（无危）

关克 摄

关克 摄

形态特征： 上体灰色，喉和胸淡灰色，腹部白色具黑横斑纹，翅下白色，尾和尾上覆羽黑灰色，尾及端部具白斑。雌鸟小，胸部沾少许红褐色，棕色型的除腰外全身具黑色横纹。

习性与分布： 分布于喜马拉雅山脉、东亚，越冬于非洲、斯里兰卡，国内见于宁夏、新疆、青海以外地区。食昆虫，巢寄生，鸣声为 5~6 个音节，似“今天打酒喝、明天卖老婆”或“今天打酒喝喝、明天卖老婆婆”。闻声极易，见到极难。

小杜鹃 *Cuculus poliocephalus* **Lesser Cuckoo**

体长 20~28cm　　不易见的夏候鸟　　5 月中旬迁来，8 月末 9 月初南迁　　LC（无危）

杜英 摄

形态特征：颈后、三级飞羽具白斑，下体红棕色具淡灰色不明显条纹。尾羽端中间深色斑较窄，端部红棕色。虹膜褐色，眼圈黄色；嘴黑色，基部和端部黄色；脚黄色。

习性与分布：分布于东北亚，越冬于马来西亚、婆罗岛。国内繁殖于东北和华北地区，越冬迁徙经过华东、华南地区，在东南部地区为留鸟。食昆虫，巢寄生，将卵产于在苇莺、鹡鸰、伯劳、鹀类、燕类巢穴中寄生产卵，只管生蛋，不管孵养。鸣声为凄厉连续的“找谁”和一段8~10音节短促疙瘩音。

姜权 摄

北棕腹鹰鹃（北棕腹杜鹃、北鹰鹃） *Hierococcyx hyperthrus* Northern Hawk Cuckoo

体长 28~30cm　罕见的夏候鸟　5 月中旬迁来，8 月末 9 月初南迁　LC（无危）

犀鸟目 BUCEROTIFORMES

犀鸟目鸟类在长白山区只有戴胜科。戴胜科鸟类头上具明显冠羽，嘴细长，雌雄酷似。栖息于开阔生境，喜人工环境，有时也见于山地高海拔森林中。一般在地面取食，食物以昆虫为主。在高大树木的树洞中营巢，雌鸟孵卵，孵化期由雄鸟喂食，出壳后双亲育雏。分布于欧亚大陆和非洲。主要分布在非洲和亚洲南部。

戴胜 / 陆恩祥 摄

戴胜科 Upupidae

贾晓刚 摄

马立明 摄

宋孟河 摄

宋慧东 摄

形态特征： 雌雄酷似，橘红色羽冠展开时呈扇形，端斑黑色，次端斑白色。头、上体、肩、颈橘红色，尾具白色弧形宽端斑，翅具黑白相间带斑。虹膜褐色，嘴黑色且细长下弯，脚黑色。

习性与分布： 栖息于农田、荒地、林缘。营巢于树洞，主要食蝼蛄、金线虫、行军虫等昆虫。分布于亚、非、欧洲，国内共2个亚种，分布在长白山区的为普通亚种 *U.e.epops*。该亚种广泛分布于海南以外地区。

戴胜 *Upupa epops* Common Hoopoe

体长 25~31cm　　常见的夏候鸟　　4月末5月初迁来，9月末10月初南迁　　LC(无危)

佛法僧目 CORACIIFORMES

佛法僧目鸟类色彩比较鲜艳，翅膀大且宽阔，雌雄颜色基本相似，有些种类稍有区别。栖息环境多样，大部分种类为树栖性，以植物果实为主食，有些种类也取食昆虫和鱼类等。取食方式多样，有些在地面取食动物；有些种类飞行能力较强，在空中取食；翠鸟等则常在水边取食鱼类。分布遍布全世界，范围较广。主要类群有佛法僧科、翠鸟科和蜂虎科等。在长白山有翠鸟科、佛法僧科 2 个类群。

三宝鸟 / 周树林 摄

佛法僧科 Coraciidae

宋海波 摄

雷光辉 摄

周树林 摄

形态特征：头蓝黑色，通体蓝绿色闪辉，飞羽深蓝色具白斑，尾羽深蓝色。虹膜褐色，嘴珊瑚红色而端黑，脚橘红色。

习性与分布：栖息于开阔林地、茂密森林。营巢于天然树洞或旧洞，食物以鞘翅目、膜翅目为主。分布于东南亚及澳大利亚，国内见于新疆、西藏、青海以外地区。

三宝鸟 *Eurystomus orientalis* **Dollarbird**

体长 26~29cm　　不常见的夏候鸟　　4 月下旬 5 月上旬迁来，8 月下旬 9 月上旬南迁　　LC（无危）

翠鸟科 Alcedinidae

上雄下雌 / 柳明洙 摄

秦建民 摄

雄鸟 / 周树林 摄

雌鸟亚成 / 周树林 摄

形态特征：成鸟上体浅蓝绿色，颈侧有白斑，颏白色，下体橙棕色。幼鸟色暗淡而多绿色，具深色胸带。自嘴基起横贯眼部直至耳羽的橘黄色带使本种区别于其他翠鸟。虹膜褐色；嘴雄鸟全黑，雌鸟上嘴黑而下嘴橘红色；脚红色。

习性与分布：栖息于淡水湖泊、溪流、水塘、稻田等生境，常落于岩石或探出的枝头上，突然俯冲入水捕捉近水面的小鱼或其他水生动物。分布于欧亚大陆、东南亚、北非，国内共 2 个亚种。分布在长白山区的为普通亚种 *A.t.bengalensis*。该亚种嘴峰较长，尾稍短，腹部深棕色不染绿色，见于新疆以外地区。

普通翠鸟　*Alcedo atthis*　**Common Kingfisher**

体长 16~17cm　　常见的夏候鸟　　4 月上中旬迁来，9 月末 10 月初南迁　　LC（无危）

形态特征：头、上体、尾栗红色具紫色光泽，腰淡蓝色。虹膜褐色，嘴、脚红色。

习性与分布：栖息于近小溪、河流的针阔混交林，营巢于大树的天然洞穴，食鱼和水生动物，亦食昆虫及陆生无脊椎动物。分布于东亚、尼泊尔和东南亚，国内共3个亚种。分布在长白山区的为东北亚种 *H.c.major*。该亚种体型较大，翅长12cm，上部中央和腰部淡黄色，羽端蓝色，广泛分布于东北、华北、华东地区、福建、广东、台湾。据傅桐生、赵正阶、高玮记载，在长白山区有记录，近年鲜有见到。

范玉燕 摄

赤翡翠 *Halcyon coromanda* Ruddy Kingfisher

体长25~27cm　罕见的夏候鸟　4月下旬迁来，9月末10月初南迁　LC（无危）

李久富 摄

周树林 摄

马立明 摄

形态特征：头黑色，喉、胸、颈白色，上体蓝色，飞羽具大块白斑，下体淡橙红色，尾上蓝色，尾下黑色，虹膜深褐色，嘴、脚红色。

习性与分布：栖息于多树的溪流和开阔的平原沼泽、河流、水库，主要食鱼、虾、蟹、水生动物及蛙类和蜥蜴等，亦食昆虫。凿约60cm洞巢于河岸土崖。分布于东南亚，国内分布于新疆、西藏、青海以外地区。

蓝翡翠 *Halcyon pileata* Black-capped Kingfisher

体长26~31cm　罕见的夏候鸟　4月迁来，10月南迁　LC（无危）

雄鸟 /NORA 摄

雌鸟 / 柳明洙 摄

雌鸟

形态特征：具黑白色长羽冠，后颈有白色领环，雄鸟上体黑色具白色横斑点，黑色胸带沾棕色；下体白色，尾黑色具白色横斑带。雌鸟翼下覆羽和腋羽淡棕色。虹膜褐色，嘴、脚黑色。

习性与分布：栖息于山地、林区、溪流、水塘边，营巢于岸边土洞或石缝，分布于东亚、喜马拉雅山脉及中南半岛，国内共2个亚种，分布在长白山区的为普通亚种 *M.l.guttulata*。该亚种分布于辽宁朝阳和吉林延边。

冠鱼狗　*Megaceryle lugubris*　**Crested Kingfisher**

体长 37~43cm　罕见的夏候鸟　4 月迁来，10 月南迁　LC（无危）

啄木鸟目（䴕形目）PICIFORMES

啄木鸟目鸟类嘴强健，喜欢啄木取食，常被统称为啄木鸟。舌头较长，舌尖具逆钩，有利于取食树干中的昆虫。一般栖息于森林中，在树上取食，食物主要为动物性。除澳大利亚、马达加斯加和高纬度地区外，分布于全世界。该目在长白山区的类群为啄木鸟科。

蚁䴕 / 宋惠东 摄

啄木鸟科 Picidae

谷国强 摄

周树林 摄

郑洪梅 摄

宋惠东 摄

郑洪梅 摄

形态特征： 嘴短直呈锥形，整体灰褐色，体羽斑驳杂乱似树皮，上体具褐色蠹斑，下体皮黄色具暗色横斑，翅与尾淡锈红色。虹膜淡褐色，嘴角质色，脚褐色。

习性与分布： 栖息于低山平原林地，多于地面跳跃前进，主要食蚁类，营巢于树洞、啄木鸟旧洞、木堆、电杆等生境。繁殖于欧洲、亚洲中部和北部，越冬于非洲、南亚。国内共2个亚种，分布在长白山区的为指名亚种 *J.t.torquilla*。该亚种广泛分布于全国各地，翅长，上体褐色较差，下体较淡，黑点亦较稀疏。

蚁䴕 *Jynx torquilla* **Eurasian Wryneck**

体长 16~19cm　　不常见的夏候鸟　　4月末5月初迁来，9月下旬至10月南迁　　LC（无危）

雄鸟 / 谷国强 摄

雌鸟 / 谷国强 摄

雌鸟 / 谷国强 摄

形态特征：头顶至后颈、侧颈覆羽红色。背、翅、肩、腰黑色具白色横斑，下体棕色，尾下覆羽红色，雄鸟头顶红色，雌鸟头顶黑色具白色纵斑点。虹膜褐色，嘴灰色而端黑，脚灰色。

习性与分布：栖息于低山丘陵针阔混交林。食昆虫，偶食植物果实。分布于喜马拉雅山脉和中南半岛。国内共 3 个亚种，分布在长白山区的为普通亚种 *D.h.subrufinus*。该亚种体型较大，翅最长，下体暗栗棕色，见于东北、华北和云、贵、川以东地区。

棕腹啄木鸟 *Dendrocopos hyperythrus* Rufous-bellied Woodpecker

体长 19~23cm　罕见的夏候鸟　4 月末 5 月初迁来，9 月末 10 月初迁离　LC（无危）

张永君 摄

贾晓刚 摄

王天晶 摄

周树林 摄

形态特征：眼后具白色眉，纹颊纹白色，耳羽棕褐色，后接大块白斑，喉白色，上体黑色，背、翅具黑白相间横纹，下体灰白色，具暗纵纹。虹膜褐色，嘴、脚灰色。

习性与分布：栖息于各种林地和城市园林。凿朽树洞营巢，食昆虫、蚂蚁，亦食植物浆果、种子。国外分布于俄罗斯远东、日本和朝鲜半岛。国内分布于黑龙江东部、吉林、辽宁中东部、河北北部、山东北部、内蒙古中东部、新疆。

小星头啄木鸟　*Dendrocopos kizuki*　Pygmy Woodpecker

体长 14~18cm　　常见的留鸟　　LC（无危）

左普通鳾右星头啄木鸟 / 贾晓刚 摄

陈保利 摄

黄泉杰 摄

形态特征：额、头顶灰色，白色眉纹宽阔并延伸到颈侧。上体黑色，翅具白斑，下体有黑色细纵纹。雄鸟枕部两侧具红斑。虹膜淡褐色，嘴灰色，脚灰绿色。

习性与分布：栖息于各类林地，多在树木中上部活动，食昆虫，营巢于树洞，分布于东北亚、喜马拉雅山脉及东南亚。国内共 7 个亚种，分布在长白山区的为东北亚种 *D.c.doerriesi*。该亚种广泛分布于黑龙江、吉林东部、辽宁东部和内蒙古东北部，体型较大，腰与下体黑纹较少，下体沾赭褐色或棕黄色。

星头啄木鸟 *Dendrocopos canicapillus* Grey-capped Woodpecker

体长 14~18cm　　罕见的留鸟　　LC(无危)

雌鸟 / 柳明洙 摄

雄鸟 / 姜权 摄

雌鸟 / 孙晓明 摄

形态特征: 雄鸟头顶红色，枕黑色，前额近白色。雌鸟头顶黑色。上体黑色，点缀着成排白斑，下体白色。虹膜红褐色，嘴黑色，脚黑褐色。

习性与分布: 栖息于海拔 400~1800m 林区，波浪飞行，主要食鳞翅目、鞘翅目和双翅目昆虫及其幼虫。分布于欧洲和亚洲北部。国内共 2 个亚种，分布在长白山区的为东北亚种 *D.m.amurensis*。该亚种广泛见于东北、内蒙古和甘肃，下体较多灰色，胸侧与胁部黑纹较显著。

小斑啄木鸟 *Dendrocopos minor* Lesser Spotted Woodpecker

体长 15~18cm　常见的留鸟　LC（无危）

雌鸟 / 孙晓明 摄

雄鸟 / 孙晓明 摄

雄鸟 / 柳明洙 摄

雌鸟 / 贾晓刚 摄

形态特征： 雄鸟顶冠红色，雌鸟顶冠黑色，额白色，脸白色而具黑色颊线并延伸至颈侧，上背黑色，下背白色相连通，胸腹部具黑色细纵纹。臀部浅绯红色。虹膜褐色，嘴黑色，脚灰色。

习性与分布： 常栖息于森林内老朽树木，不甚怕人。分布于欧洲经俄罗斯东部到东亚。国内共 4 个亚种，分布在长白山区的为指名亚种 *D.l.leucotos*。该亚种普遍见于东北、华北地区和新疆。

白背啄木鸟 *Dendrocopos leucotos* White-backed Woodpecker

体长 22~28cm　　常见的留鸟　　LC（无危）

雌鸟 / 周树林 摄

雄鸟 / 孙晓明 摄

雌鸟 / 柳明洙 摄

雄鸟 / 王艳霞 摄

雌鸟 / 贾晓刚 摄

雄鸟 / 贾晓刚 摄

形态特征：上体黑色，下体白色，颈侧具黑色纹，肩翅具醒目白斑，尾下覆羽红色。雄鸟头顶后部红色，雌鸟头顶、枕至后颈黑色，耳羽白色。

习性与分布：栖息于山地、平原、各种林地。主要食、蜘蛛等动物性食物，亦食植物种子。分布于欧亚大陆。国内共 8 个亚种，分布在长白山区的为东北亚种 *D.m.japonicus*。该亚种下体淡皮黄色至淡赭色，翅上白斑较大，肩羽非白色，分布于东北地区。

大斑啄木鸟 *Dendrocopos major* **Great Spotted Woodpecker**

体长 20~24cm　　常见的留鸟　　LC（无危）

雄鸟 / 于国海 摄

形态特征： 颊纹白色，眼后具白纹延伸到颈背，颚纹黑色，上体黑色，中央白色，下体白色。雄鸟头顶金黄色，雌鸟头顶黑而杂以白色羽端。虹膜褐色，嘴黑色，脚灰色。

习性与分布： 栖息于海拔 800~1800m 阴湿的针叶林和混交林。多数营树洞巢于落叶松，距离地面 4~5m，洞口朝避风的东北向。主要食鳞翅目、鞘翅目和天牛幼虫，亦食植物种子。分布于欧亚大陆北部及北美。国内有 3 个亚种，分布在长白山区的为指名亚种 *P.t.tridactylus*。该亚种广泛分布于黑龙江、内蒙古东北部、吉林、新疆北部，下体白色，杂以黑色斑纹，上体色淡，白斑较多。

雌鸟 / 张国强 摄

三趾啄木鸟 *Picoides tridactylus* Three-toed Woodpecker

体长 21~23cm　不常见的留鸟　国家二级重点保护野生动物　LC（无危）

雄鸟 / 周树林 摄

雌鸟 / 孙晓明 摄

雄鸟 / 丁世军 摄

雄鸟 / 周树林 摄

形态特征：体型较大，全身黑色。雄鸟头顶红色，雌鸟仅枕部红色。虹膜浅黄色，嘴象牙色，脚灰色。

习性与分布：栖息于原始林和混交林中，飞行时扇翼缓慢，取食于朽木，常发出响亮的敲木声，持续2~3秒，连续叫声响亮尖利，数里外可闻，主要食蚂蚁及其幼虫，亦食金龟子、叩头虫、天牛幼虫等昆虫。分布于欧洲经俄罗斯中部到东亚。国内共2个亚种，分布在长白山区的为指名亚种 *D.m.martius*。该亚种广泛分布于东北、华北地区和新疆，翅较短，嘴较长。

黑啄木鸟 *Dryocopus martius* **Black Woodpecker**

体长 42~47cm　常见的留鸟　国家二级重点保护野生动物　LC（无危）

左雄右雌 / 贾晓刚 摄

雄鸟育雏 / 周树林 摄

雌鸟 / 綦梅 摄

形态特征: 上体绿色，颊、喉灰色，胸至上腹灰色，两胁后部染绿色，尾下覆羽灰色。雄鸟前顶冠猩红色，眼先及狭窄颊纹黑色。雌鸟顶冠灰色或具黑色条纹。虹膜红褐色，嘴近灰色，脚蓝灰色。

习性与分布: 栖息于中低海拔山地林区及城市绿地。春季常发出连续响亮的叫声，常下到地面寻食蚂蚁。分布于欧洲经俄罗斯中部到东亚。国内共 7 个亚种，也有学者认为 10 个亚种，分布在长白山区的为东北亚种 *P.c.jessoensis*。该亚种广泛分布于东北、河北、宁夏、内蒙古东北部、新疆北部，上下体均淡灰绿色，枕部黑纹较稀或无，颈部无黑色斑块，翅长大都在 14~15cm，羽色较暗，上体灰绿色较淡。

灰头绿啄木鸟 *Picus canus* **Grey-headed Woodpecker**

体长 27~31cm　　常见的留鸟　　LC(无危)

鸣禽篇

◎雀形目

鸣禽为中、小型善于鸣唱的鸟类，指雀形目所有鸟类。是在鸟类进化史中最为进步的一支，成功地辐射并占据多种多样的生态环境，种类繁多，占鸟类的半壁江山。

- 具有复杂的鸣肌，能支配鸣管发出复杂的鸣声，是雄鸟繁殖期求偶炫耀和保卫领地的一种主要方式；许多种类还会效仿其他鸟类的鸣叫。
- 善树栖，能在枝间灵活跳跃和穿飞，足趾大多为 3 趾朝前，拇指朝后，后趾及爪发达，这种 4 趾在一平面，基部不连并的足型称离趾足。跗跖部后缘的鳞片常生成为整块的鳞板。
- 繁殖行为复杂，筑巢巧妙，在巢址类型和巢材上有广泛的生态适应性。大多是以树枝或草茎编织精致的碗状巢，内衬以苔藓、兽毛和羽毛等柔软物质。有的种类（如长尾山雀科、部分柳莺等）以植物纤维和苔藓等编成球状巢，巢口位于侧面。有的种类（攀雀科等）能编织精巧的袋状巢，高悬于枝端。燕科鸟类则筑泥巢于房檐下或岩缝中。许多种类（如山雀科、椋鸟科等）在洞穴内筑巢。
- 大多数种类为一夫一妻的单配制，雏鸟为晚成性。
- 分布广泛，遍布全球。
- 许多北方种类特别是食虫鸟类（如鸫科、鹟科）在春秋季节有迁徙习性。

东方大苇莺 / 周树林 摄

雀形目 PASSERIFORMES

雀形目鸟类形态特征差异十分明显。大多数为杂食性，以植物为主，有些种类也取食脊椎动物和昆虫。在长白山区大部分为夏候鸟，但留鸟和过境旅鸟也较多。几乎分布于世界各个大陆以及岛屿的陆地所有生境。在长白山区共有 34 个类群，主要类群为燕雀科、鸦科、鹟科、鹀科、鸫科、柳莺科、鹡鸰科。

大山雀 / 伯雪冬 摄

黄鹂科 Oriolidae

亚成鸟 / 周树林 摄

雄鸟 / 周树林 摄

雌鸟 / 孙晓明 摄

左雌右雄 / 春花开 摄

形态特征：体羽金黄色，翅、飞羽黑色，尾羽黑色而羽端黄色，两条醒目的黑色贯眼纹至枕部而封闭。雌鸟背部沾橄榄绿色，下胁部有时可见不明显纵纹，亚成、幼鸟腹部具明显纵纹。虹膜红色，嘴粉红色，脚近黑色。

习性与分布：栖息于海拔 800m 以下低山丘陵和山脚平原，食昆虫和小型无脊椎动物，营巢于高大阔叶横枝上。分布于东亚、南亚。国内分布于新疆、西藏、青海以外地区。

黑枕黄鹂 *Oriolus chinensis* **Black-naped Oriole**

体长 25~27cm　　常见的夏候鸟　　5 月迁来，8 月末 9 月初迁离　　LC（无危）

山椒鸟科 Campephagidae

雄鸟 / 谷国强 摄

形态特征： 前额、颈侧白色，过眼纹黑色，上体灰色，两翅黑色，翅上具白色翅斑，下体均白色，尾黑色而外侧尾羽白色。雄鸟头顶后部至后颈黑色，雌鸟头顶后部至上体灰色。

习性与分布： 喜栖息于低海拔的红松阔叶混交林和阔叶林带。分布于印度、东南亚、东北亚。国内分布于除西北、西藏以外地区，繁殖于东北地区，迁徙经陕西南部至四川中部以东广大地区，台湾和云南南部有越冬个体。

雌鸟 / 谷国强 摄

灰山椒鸟 *Pericrocotus divaricatus* Ashy Minivet

体长 19~21cm　常见的夏候鸟　5 月上中旬迁来，9 月中下旬至 10 月迁离　LC（无危）

王鹟科 Monarchidae

后雄前雌 / 刘金彩 摄

形态特征： 头蓝黑色，具明显羽冠，雄鸟两枚中央尾羽甚长，有栗、白两种色型，栗色型上体栗色，头、颈亮蓝黑色，胸蓝灰色，腹部和尾下覆羽白色；白色型头、颈亮蓝黑色，余部白色。雌鸟无延长尾羽。虹膜褐色，眼周裸皮、嘴、脚蓝色。

习性与分布： 栖息于山地和丘陵地带。营巢于离地面 1~1.6m 小乔木主杈。分布于南亚和东南亚。国内分布于除内蒙古、新疆、青海、西藏以外地区。国内 3 个亚种，分布在长白山区的为普通亚种 *T.p.incei*。该亚种见于除内蒙古、新疆、青海、西藏以外地区。

寿带　*Terpsiphone incei*　Amur Paradise-Flycather

体长 19~49cm　罕见的夏候鸟　5 月中旬迁来，9 月中旬迁离　LC（无危）

伯劳科 Laniidae

雄鸟 / 谷国强 摄

雄鸟 / 孙晓明 摄

幼鸟 / 白俭华 摄

雌鸟 / 孙晓明 摄

形态特征：雄鸟头顶、颈背灰色，背、两翼及尾栗色具黑色横纹，过眼纹宽，黑色，下体白色，两胁具褐色横斑，雌鸟眼先及眉纹色淡。虹膜褐色，嘴蓝色而端黑，脚灰色。

习性与分布：栖息于低山丘陵、山脚、平原林区，主要食金龟子、步行甲、蝗虫以及膜翅目、鳞翅目昆虫。分布于东北亚、中南半岛及马来半岛。国内除青海、新疆、海南外均有分布。

虎纹伯劳 *Lanius tigrinus* Tiger Shrike

体长 17~19cm　　不常见的夏候鸟　　4 月中旬迁来，9 月中旬南迁　　LC（无危）

雄鸟 / 罗铁昆 摄

雌鸟 / 谷国强 摄

雌鸟 / 谷国强 摄

雄鸟 / 孙晓明 摄

形态特征：雄鸟头顶棕色，过眼纹黑色，眉纹白色，背灰色，下体偏白色，具深色鳞状横纹，两胁沾棕色。雌鸟褐色重，两胁色浅，下体横纹明显。虹膜深褐色，嘴灰色而端黑，脚铅灰色。

习性与分布：栖息于林缘、次生林、河谷灌丛。国内共 2 个亚种，分布在长白山区的为指名亚种 *L.b.bucephalus*。该亚种广泛分布于东北、华北、华中、华东及华南地区，头顶较淡，下体具蠕虫状纹，下嘴基部色淡。

牛头伯劳　*Lanius bucephalus*　**Bull-headed Shrike**

体长 19~20cm　　常见的夏候鸟　　4 月中旬迁来，10 月末 11 月初南迁　　LC（无危）

普通亚种雄鸟 / 李久富 摄

指名亚种雄鸟 / 周树林 摄

指名亚种雌鸟 / 周树林 摄

指名亚种雌鸟 / 柳明洙 摄

指名亚种雄鸟育雏 / 柳明洙 摄

形态特征：颏、喉、眉纹白色，贯眼纹黑色，头顶灰色或红棕色，上体棕褐色或混合色，翅黑褐色，尾上覆羽红棕色，尾羽棕褐色，下体棕白色。雌鸟较雄鸟苍淡，贯眼纹黑褐色，胸、胁具隐约黑褐蠕虫状纹。虹膜褐色，嘴黑色，脚灰黑色。

习性与分布：栖息于低山丘陵和山脚平原地带的林缘、灌丛和疏林。分布于俄罗斯东部、蒙古国、东北亚、东南亚及南亚。国内共 4 个亚种，分布在长白山区的为普通亚种 *L.c.lucionensis* 和指名亚种 *L.c.cristatus*。普通亚种 *L.c.lucionensis* 见于吉林东部及以南除新疆、西藏、青海以外地区，头顶灰色，额带不显，眉纹窄而白色。指名亚种 *L.c.cristatus* 见于新疆、西藏以外地区，头顶栗褐色，背棕褐色，几乎与头顶同色。有的学者认为长白山区还有东北亚种，因其他专家学者未认同，故未详述。

红尾伯劳 *Lanius cristatus* Brown Shrike

体长 19~20cm　　常见的夏候鸟　　4 月中下旬迁来，10 月上中旬南迁　　LC（无危）

孙晓明 摄

形态特征： 头顶、上体淡灰色，过眼纹黑色，眉纹细，白色，翅黑色具白色翼斑，下体白色，尾黑色，外侧尾羽白色，虹膜褐色，嘴黑色，脚偏黑色。

习性与分布： 栖息于海拔800m以下山地次生阔叶林开阔地区。分布于全北界北部。食昆虫、小鸟、蛙、蜥蜴和小型兽类。国内共5个亚种，分布在长白山区的为北方亚种*L.e.sibiricus*。该亚种广泛分布于东北、河北、内蒙古，上体较少灰色而沾赭色，成鸟、幼鸟下体具蠕虫状细斑，次级飞羽基部黑色。

关克 摄

灰伯劳　*Lanius excubitor*　Great Grey Shrike

体长 22~26cm　　罕见的冬候鸟　　10月下旬迁来，3月上旬迁离　　LC（无危）

马立明 摄

贾晓刚 摄

马立明 摄

形态特征： 似灰伯劳但较大，尾较长，呈楔形。虹膜褐色，嘴灰色，脚黑色。

习性与分布： 栖息于低山丘陵、平原、旷野、灌丛、半荒漠等多种生境。食鼠类、蜥蜴、小鸟和昆虫。国内共 2 个亚种，分布在长白山区的为指名亚种 *L.s.sphenocercus*。该亚种广泛分布于除新疆、西南地区以外地区，翅稍短，上体淡灰色，眉纹和额基白色。不同学者对该鸟种居留情况存在分歧，认定为留鸟、旅鸟、夏候鸟、冬候鸟均有，有待考证。

楔尾伯劳 *Lanius sphenocercus* **Chinese Grey Shrike**

体长 25~31cm　不常见的留鸟、冬候鸟　10月下旬迁来，3月中下旬迁离　LC（无危）

鸦科 Corvidae

王艳霞 摄

贾晓刚 摄

王顺 摄

贾晓刚 摄

形态特征：翼上具黑色及蓝色镶嵌图案，髭纹黑色，两翼黑色具白斑。虹膜浅褐色，嘴灰黑色，脚肉棕色。

习性与分布：栖息于针叶林、阔叶林、混交林、林缘、疏林地，夏季主要食森林昆虫，秋冬季主要食松子、草籽等植物种子。分布于东北亚、中南半岛、南亚、欧洲、北非。国内东北至西南、华南地区，包括台湾、海南均有分布。国内共 7 个亚种，分布在长白山区的为北疆亚种 *G.g.brandtii*。该亚种见于东北、内蒙古东北部、新疆南部，头顶具黑色纵纹且粗著，额和头顶黑褐色，翅上白斑较大，次级飞羽基部有白色。

松鸦　*Garrulus glandarius*　Eurasian Jay

体长 32~34cm　常见的留鸟　LC(无危)

伯雪冬 摄

VEER 提供

李久富 摄

姜权 摄

形态特征： 头顶黑褐色，体羽暗褐色密布白色斑点，两翼、尾羽黑色，尾下覆羽白色，尾具白色端斑。虹膜深褐色，嘴、脚黑色。

习性与分布： 栖息于山地针叶林、阔叶林和混交林。分布于欧亚大陆，国内共 6 个亚种，分布于东北、华北、西北、西南地区及台湾。分布于长白山区的为东北亚种 *N.c.macrorhynchos*。该亚种见于东北、华北北部、内蒙古东北部、新疆北部，体色赭土褐色，外侧尾羽具宽阔白端，中央尾羽仅具白色狭端，上体白斑延伸至腰部，下体至腹部。

星鸦 *Nucifraga caryocatactes* Spotted Nutcracker

体长 33~34cm　　不常见的留鸟　　LC（无危）

柳明洙 摄

宋海波 摄

周树林 摄

柳明洙 摄

形态特征：头黑色，背、下体灰色，翼、尾蓝灰色，尾具白端斑。虹膜黑褐色，嘴、脚黑色。

习性与分布：栖息于低山、丘陵、山脚平原、次生林、人工防护林、城市公园等生境。杂食性，繁殖季节多以昆虫为主，虫慌季节多以植物种子为主。分布于俄罗斯东部、蒙古国、东北亚。国内共 6 个亚种，分布于西藏以外地区，分布在长白山区的为东北亚种 *C.c.stegmanni*。该亚种见于东北地区。

灰喜鹊 *Cyanopica cyanus* Azure-winged Magpie

体长 32~40cm　　常见的留鸟　　LC（无危）

周树林 摄

周树林 摄

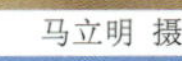

马立明 摄

左喜鹊右红隼 / 周树林 摄

周树林 摄

形态特征：头、颈、胸、上体、尾黑色，翅上具大型白斑，腹部白色。虹膜褐色，嘴、脚黑色。

习性与分布：栖息于平原、丘陵、农田、城镇。食性同灰喜鹊。分布于欧亚大陆、北非。国内共 4 个亚种，分布在长白山区的为普通亚种 *P.p.serica*。该亚种广泛分布于除新疆、西藏以外地区。

喜鹊 *Pica pica* Common Magpie

体长 40~52cm　　常见的留鸟　　LC（无危）

张国强 摄

王顺 摄

段文科 摄

亚成鸟 / 周树林 摄

形态特征：头、胸、背、尾、下腹均黑色，枕、后颈至侧颈、腹部白色。第一年非繁殖羽通体黑色，耳羽具浅白色细纹。虹膜黑色，嘴、脚黑色。

习性与分布：分布于西伯利亚、蒙古国、朝鲜半岛、日本。食性同喜鹊。国内分布于海南以外地区。

达乌里寒鸦　*Corvus dauuricus*　**Daurian Jackdaw**

体长 29~37cm　　常见的留鸟　　LC（无危）

孙晓明 摄

周树林 摄

王顺 摄

形态特征： 鼻孔裸露、体型稍大，体羽通体黑色而泛蓝色金属光泽，嘴细长且基部裸皮沙灰色。似小嘴乌鸦但嘴较细长，体型显纤细。虹膜黑褐色，嘴、脚黑色。

习性与分布： 栖息于低山、丘陵、平原、农田和村庄，杂食性，成群活动。分布于欧亚大陆。国内共 2 个亚种，分布在长白山区的为普通亚种 *C.f.pastinator*。该亚种广泛分布于除新疆、西藏、云南以外地区。

秃鼻乌鸦 *Corvus frugilegus* **Rook**

体长 46~47cm　常见的留鸟　LC（无危）

周树林 摄

亚成鸟 / 周树林 摄

于国海 摄

形态特征：体型稍大，纯黑色，除腹部外均泛蓝绿色光泽，前额较平，嘴峰较直、细。虹膜黑褐色，嘴、脚黑色。

习性与分布：栖息于低山、丘陵、平原以及河谷的疏林、林缘、田野、城市和村落，非繁殖季节入城夜栖。主要食植物种子，亦食昆虫、蛙、鱼、鼠、鸟卵和雏鸟，冬季常见于垃圾场捡拾垃圾。分布于西欧、南欧、中亚、蒙古国、西伯利亚及东北亚。国内分布于西南以外地区。

小嘴乌鸦 *Corvus corone* Carrion Crow

体长 45~55cm　　常见的留鸟　　LC（无危）

周树林 摄

周树林 摄

周树林 摄

形态特征：嘴粗大弯曲，嘴基羽达鼻孔。额隆起明显，体羽黑色具紫绿色闪辉。虹膜褐色，嘴、脚黑色。

习性与分布：国内共 5 个亚种，分布于除西藏中南部、新疆中部以外地区。食性同小嘴乌鸦。分布在长白山区的为东北亚种 *C.m.mandschuricus*。该亚种广泛分布于东北、河北北部，体型较大，颈羽基部淡灰色，下体具明显绿色闪辉。

大嘴乌鸦 *Corvus macrorhynchos* Large-billed Crow

体长 51~54cm　　常见的留鸟　　LC(无危)

山雀科 Paridae

伯雪冬 摄

周树林 摄

谷国强 摄

谷国强 摄

形态特征：头顶、后颈黑色，颏喉黑色，胸腹栗红色，额、眼先、颊至颈侧乳黄色，上背具大块栗色斑，其余上体蓝灰色。虹膜褐色，嘴、脚黑色。

习性与分布：栖息于海拔400~1000m中低林带。夏季主要食昆虫，秋冬季主要食油松、刺槐等植物种子。主要分布于朝鲜半岛、日本和千岛群岛，国内共2个亚种，分布于吉林、辽宁东部、山东和台湾。分布在长白山区的为指名亚种 *P.v.varius*。该亚种见于吉林、辽宁东部和山东。

杂色山雀 *Sittiparus varius* Varied Tit

体长 12~14cm　　不常见的留鸟　　LC（无危）

马立明 摄

张云山 摄

周树林 摄

李久富 摄

形态特征: 脸具大块白斑，头、喉黑色，胸腹具宽阔黑色纵纹连通颈、喉，翼上具一道醒目白色条纹。虹膜黑褐色，嘴、脚黑褐色。

习性与分布: 栖息于针叶林、阔叶林和混交林中，有虫的夏季食昆虫，无虫的早春、晚秋、冬季则食植物种子等植物性食物。分布于古北界、印度、日本、东南亚至大巽他群岛。全国各地常见，国内共5个亚种，分布在长白山山区的为华北亚种 *P.c.minor*。该亚种广泛分布于华中、华东、华北和东北地区，下体近白色，黑色中央纵纹宽阔，尾羽钝蓝灰色，第二对外侧尾羽白斑较小，上体偏绿色。

大山雀 *Parus cinereus* Cinereous Tit

体长 13~15cm　　常见的留鸟　　LC(无危)

李久富 摄

周树林 摄

马立明 摄

周树林 摄

形态特征：头、颏、喉黑色，颊部白色，枕部具白斑，上体蓝灰色，翅上有两道白色翅带，下体白色。虹膜褐色，嘴黑色，脚青灰色。

习性与分布：栖息于海拔 3000m 以下的针叶林、阔叶林和混交林中，也见于人工林、次生林和林缘灌丛。食性同其他山雀。国内共 7 个亚种，分布在长白山区的为指名亚种 *P.a.ater*。该亚种见于东北、内蒙古中东部、新疆北部，头上无冠，下体较灰，中覆羽先端具乳白或棕色点斑。

煤山雀　*Periparus ater*　Coal Tit

体长 9~12cm　　常见的留鸟　　LC（无危）

柳明洙 摄

周树林 摄

马立明 摄

形态特征：头顶至颏黑色，上体灰褐色，下体近白色，两胁皮黄色，与褐头山雀区别在于黑色顶冠闪辉。虹膜深褐色，嘴偏黑色，脚黑色。

习性与分布：不连续分布于温带的欧洲及东亚，习性同大山雀。国内共 4 个亚种，常见于东北、华北、华东地区。分布在长白山区的为东北亚种 *P.p.brevirostris*。该亚种见于东北、内蒙古和新疆北部，上体灰褐色，下体纯白色，胁部微沾棕色，喉上黑斑中等，背橄榄褐色。

沼泽山雀 *Poecile palustris* **Marsh Tit**

体长 10~13cm　　常见的留鸟　　LC（无危）

许远生 摄

VEER 提供

形态特征：与沼泽山雀极似，略显头大而颈粗，尾短而端圆，头、枕比沼泽山雀暗，缺少闪辉，喉部黑色多，次级飞羽三级飞羽边缘色浅。虹膜褐色，嘴黑褐色，脚黑色。

习性与分布：分布于欧洲西北至俄罗斯远东和日本。食性同其他山雀。国内共 4 个亚种，分布于东北、内蒙古北部和新疆北部。分布于长白山区的为东北亚种 *P.m.baicalensis*。该亚种分布于东北和新疆北部。

褐头山雀 *Poecile montanus* Willow Tit

体长 11~14cm　常见的留鸟　LC（无危）

攀雀科 Remizidae

中华攀雀雄鸟 / 蔡福禄 摄

中华攀雀雄鸟 / 孙晓明 摄

左雌右雄 / 蔡福禄 摄

雄鸟 / 柳明洙 摄

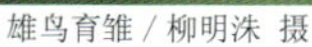
雄鸟育雏 / 柳明洙 摄

雌鸟育雏 / 周树林 摄

幼鸟 / 周树林 摄

形态特征： 雄鸟头顶近白色，贯眼纹宽而黑，眉纹白色，雌鸟和幼鸟贯眼纹色淡，头、背棕色。虹膜褐色，嘴灰黑色而尖锐，脚蓝灰色。

习性与分布： 国外分布于俄罗斯极东部；喜于杨柳等下垂树枝上用植物丝和羊毛编制茶壶状悬巢。越冬于日本、朝鲜。国内分布于东北、华北和华东地区。

中华攀雀 *Remiz consobrinus* **Chinese Penduline Tit**

体长 9~12cm　　不常见的夏候鸟　　4月中旬迁来，9月末10月初迁离　　LC（无危）

百灵科 Alaudidae

关克 摄

孙晓明 摄

形态特征：眼先、眉纹和眼周白色或皮黄白色，颊和耳羽棕褐色，上体沙棕色具黑褐色纵纹，下体皮黄白色或白色，胸侧具暗褐色纵纹，外侧尾羽白色。虹膜深褐色，嘴角质灰色，脚肉棕色。

习性与分布：分布于非洲、西亚、中亚、蒙古国和俄罗斯。在长白山区主要栖息于800m以下的次生阔叶林带，主要食草籽，亦食谷粒、昆虫。国内共6个亚种，分布在长白山区的为指名亚种 *A.c.cheleensis*。该亚种见于东北、华北地区及宁夏北部、陕西、四川、江苏、浙江、台湾。

短趾百灵（亚洲短趾百灵） *Alaudala cheleensis* **Asian Short-toed Lark**

体长 14~16cm　　罕见的夏候鸟　　4月中旬迁来，9月末迁离　　LC（无危）

北方亚种 / 柳明洙 摄

东北亚种 / 王顺 摄

北方亚种 / 柳明洙 摄

形态特征：头顶具短羽冠，眉纹白色，嘴厚钝，上体沙棕色具黑色羽干纹，羽缘红棕色，胸部具明显黑色纵纹，下体白色或棕白色，最外侧尾羽近纯白色。虹膜深褐色，嘴角质色，脚肉色。

习性与分布：栖息于开阔草地、沼泽、耕地及疏林地、林缘等生境，主要食植物种子，亦食昆虫。分布于欧亚大陆、非洲。国内共 6 个亚种，有 2 个亚种分布在长白山区，其中北方亚种 *A.a.kiborti* 上体黑纹多而细，羽缘多淡棕色，见于黑龙江中部和东南部、吉林东部、辽宁、北京、河北、内蒙古东北部、福建；东北亚种 *A.a.intermedia* 上体黑纹较多而粗著，黑色亦较深，羽缘棕色较深，广泛分布于除新疆和西南以外地区。长白山区的亚种分布尚有争议，有的学者认为只有一个亚种，有的认为两个亚种均有分布。

云雀 *Alauda arvensis* **Eurasian Skylark**

体长 16~18cm　常见的旅鸟、夏候鸟　3 月中旬迁来，9 月末 10 月初迁离　国家二级重点保护野生动物　LC（无危）

文须雀科 Panuridae

雌鸟 / 周树林 摄

李溪洪 摄

雄鸟 / 周树林 摄

上雌下雄 / 周树林 摄

雄鸟 / 周树林 摄

形态特征： 上体棕黄色，翅黑色具白色翅斑，雄鸟头灰色，脸具黑色髭纹；雌鸟头黄褐色，无髭纹。虹膜淡褐色，嘴橘黄色，脚黑色。

习性与分布： 栖息于湖泊及河流沿岸芦苇丛或灌丛。繁殖期主要食昆虫，非繁殖期主要食芦苇种子和草籽。分布于欧亚大陆，国内见于东北、西北、河北、内蒙古、山东和上海。

文须雀　*Panurus biarmicus*　**Bearded Reeding**

体长 15~18cm　　常见的留鸟　　LC（无危）

苇莺科 Acrocephalidae

周树林 摄

周树林 摄

马立明 摄

形态特征：上体褐色具显著皮黄色眉纹，嘴粗大，喉至前胸米黄色，颈侧羽毛翻起，露出黑色，嘴内侧橙红色显著，停栖时顶冠略显隆起。虹膜褐色；上嘴褐色，下嘴偏粉色；脚灰色。

习性与分布：栖息于低山丘陵、山脚平原、湖边、沼泽、溪流附近芦苇、灌丛。夏季鸣声不停而响亮。其巢常被大杜鹃产卵寄生霸占。繁殖于东亚，越冬于印度及东南亚，远至澳大利亚和新几内亚。国内分布于西藏以外地区。

东方大苇莺 *Acrocephalus orientalis* Oriental Reed Warbler

体长 16~19cm　常见的夏候鸟　5月中旬迁来，9月中旬迁离　LC（无危）

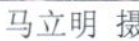

马立明 摄

柳明洙 摄

周树林 摄

周树林 摄

形态特征： 上体橄榄棕褐色，具特征性的上黑下白的双色眉纹，下体白色，两胁和尾下覆羽皮黄色。虹膜褐色；上嘴深褐色，下嘴浅褐色；脚粉红色。

习性与分布： 繁殖于东北亚，越冬于印度、东南亚。国内广泛分布于东北、华北地区，迁徙经过华南和东南地区，部分在广东和香港越冬，偶见于台湾。

黑眉苇莺　*Acrocephalus bistrigiceps*　**Black-browed Reed Warbler**

体长 12~13cm　　常见的夏候鸟　　5月上中旬迁来，8月末9月初迁离　　LC（无危）

形态特征： 头顶棕红色，贯眼纹褐色显淡，皮黄色的眉纹显著，上体褐色，无翼斑或顶纹，下体皮黄色减少。虹膜褐色；上嘴褐色，下嘴色浅；脚粉红色。

习性与分布： 多在湖泊、河流等湿地附近的灌丛和草丛中活动。主要食昆虫。繁殖于中国东北地区，越冬于缅甸东南部、泰国西南部及老挝南部，迁徙时经辽宁至东部沿海地区。

孙晓明 摄

远东苇莺 *Acrocephalus tangorum* Manchurian Reed Warbler

体长13~15cm　不常见的夏候鸟　4月末5月初迁来，10月初迁离　VU(易危)

厚嘴苇莺指名亚种 / 贾云国 摄

东北亚种 / 姜权 摄

指名亚种 / 黄泉杰 摄

东北亚种 / 杨玉和 摄

形态特征： 上体橄榄棕褐色，无纵纹，嘴粗短，与其他大型苇莺的区别在于无深色眼线，亦无浅色眉纹。羽色深暗，尾长而凸。虹膜褐色；上嘴深褐色，下嘴浅褐色；脚灰褐色。

习性与分布： 栖息于林缘、湖边或河谷两岸的丛林和灌木林，不喜茂密的森林。繁殖于古北界北部，越冬至印度及东南亚。国内共2个亚种，在长白山区都有分布。指名亚种 *A.a.aedon* 见于东北、内蒙古东部、新疆北部、云南西部和南部，体色较淡，具明显的淡黄白色眉纹，较多橄榄色，雄鸟翅长8.1~8.6cm。东北亚种 *A.a.rufescens* 繁殖于东北，迁徙经过东部地区，体色较暗，较多棕褐色，翅较短，雄鸟翅长7.15~7.81cm。

厚嘴苇莺 *Arundinax aedon* **Thick-bill Warbler**

体长 18~21cm　　罕见的夏候鸟　　5月上中旬前来，9月中下旬迁离　　LC（无危）

蝗莺科 Locustellidae

形态特征：上体棕褐色，头顶略染红褐色，眉纹平而黄白色，前显后微，胸灰色具黑色斑点，尾下覆羽具模糊的黑褐色横带，羽端白而呈锯齿形。虹膜深黄褐色，嘴黑色，脚粉至褐色。

习性与分布：繁殖于1800m以上高海拔的针叶林带和岳桦林带的灌丛和草丛，系长白山岳桦林带代表种。分布于中亚及喜马拉雅山脉至西伯利亚西部，越冬至印度北部、缅甸及泰国。国内分布于东北、华北、陕西南部、山东、四川北部和香港。原系斑胸短翅莺的东北亚种。

于富海 摄

北短翅蝗莺（北短翅莺） *Locustella davidi* Baikal Bush Warbler

体长 11~12cm　不常见的夏候鸟　5月中下旬迁来，9月中旬南迁　LC（无危）

形态特征：雌雄相似，上体黄褐色，具明显的黑褐色纵纹，下体乳白色，喉和胸具黑色纵纹，两胁和尾下覆羽棕褐色，也杂以黑色纵纹。幼鸟上体黑暗橄榄黄色，斑纹不如成鸟多，下体黄色，羽干纹较成鸟色淡而宽，体侧赭色带橄榄色细纹，纵纹不多。虹膜暗褐色，上嘴黑褐色，下嘴和脚肉色。

习性与分布：栖息于海拔1800m以下中低山林区近水林缘、灌丛、沼泽、草甸等生境。食昆虫，性隐蔽。繁殖于东北地区，迁徙经过华东、华中和南方大部分地区。

陈承光 / 摄

矛斑蝗莺 *Locustella lanceolata* Lanceolated Warbler

体长 11~14cm　罕见的夏候鸟　5月中旬迁来，9月末南迁　LC（无危）

孙晓明 摄

周树林 摄

形态特征：头顶、背、肩具显著黑色纵纹，眉纹白色，尾凸，具黑色次端斑和白色端斑，下体白色，胸、两胁和尾下覆羽皮黄色。虹膜黑褐色；上嘴黑色，嘴缘和下嘴暗肉色；脚淡黄肉色。

习性与分布：栖息于海拔 1100m 以下低山近水芦苇沼泽、林缘草丛。食蝗虫等昆虫。分布于亚洲北部及中部，越冬于东南亚、巴拉望岛、苏拉威西岛及大巽他群岛。国内共 3 个亚种，分布在长白山区的为指名亚种 *L.c.certhiola*。该亚种繁殖于东北，迁徙经过华东各地。上体橙褐色淡而多黄色，纵纹较多，胁及尾下覆羽亦淡，背上纵纹界线不明显，宽度不足 0.3cm。

小蝗莺　*Locustella certhiola*　**Pallas's Grasshopper Warbler**

体长 14~16cm　　不常见的夏候鸟　　5 月上中旬迁来，9 月中下旬迁离　　LC（无危）

谷国强 摄

谷国强 摄

形态特征：头顶至后颈暗橄榄褐色，眉纹灰白色，其余上体棕褐色，尾凸，尖端不白，胸灰色，胁、尾下覆羽皮黄或橄榄褐色，体色偏棕而不似北蝗莺偏灰。虹膜褐色；上嘴黑色，下嘴粉红色；脚粉褐色。

习性与分布：习性同小蝗莺。分布于东北亚及日本，迁徙经我国东部至菲律宾、苏拉威西岛及新几内亚。国内主要繁殖于小兴安岭，迁徙路过东部沿海地区到台湾。据高玮记载，长白山区见于延边。近年鲜见。

苍眉蝗莺　*Locustella fasciolata*　**Gray's Grasshopper Warbler**

体长 17~18cm　　不常见的夏候鸟　　5 月迁来，9 月南迁　　LC（无危）

胡晓坤 摄

段学春 摄

形态特征： 上体锈褐色，头顶和背具不明显暗色纵纹，眉纹灰白色，尾凸并具白色端斑，下体棕白色，胸部和胁部染皮黄色，飞羽外侧边缘色浅。虹膜褐色；上嘴深褐色，下嘴浅褐色；脚粉色。

习性与分布： 繁殖于东北亚，越冬于菲律宾、苏拉威西岛及婆罗洲。国内见于吉林、辽宁、山西、内蒙古东部、湖北、江苏、上海、福建、广东、澳门、台湾。据傅桐生、高玮记载，在长白山区见于延边，为夏候鸟。张正旺界定为旅鸟。

北蝗莺 *Locustella ochotensis* Middendorff's Grasshopper Warbler

体长 14~16cm　罕见的旅鸟　5月中下旬和9月末10月初经过　LC（无危）

燕科 Hirundinidae

VEER 提供

VEER 提供

VEER 提供

形态特征： 颏、喉白色，上体灰褐色，下体白色，胸具清晰的灰褐色胸环带，耳羽与胸带分界明显，尾叉浅。虹膜褐色，嘴、脚黑色。

习性与分布： 多在溪流附近的砂质土坡上集群筑巢。分布于大洋洲以外世界各地，国内分布遍及全国。

崖沙燕 *Riparia riparia* **Sand Martin**

体长 12~13cm　　不常见的夏候鸟　　4 月中下旬至 5 月上旬迁来，9 月中下旬南迁　　LC（无危）

贾少勇 摄

幼鸟 / 李久富 摄

马立明 摄

幼鸟 / 柳明洙 摄

马立明 摄

形态特征： 颏、喉和上胸栗色后接一黑色环带，上体蓝黑色具金属光泽，翅下覆羽白色，下胸和腹部白色，尾长，呈深叉状。虹膜褐色，嘴、脚黑色。

习性与分布： 栖息于人类居住环境周围。分布于世界各地。国内共 4 个亚种。分布在长白山区的为普通亚种 *H.r.gutturalis*。该亚种见于全国各地，腹部白色，有时沾棕色，翅长一般不及 12cm，胸带中断，颏、喉的栗色侵入胸带中部。

家燕 *Hirundo rustica* **Barn Swallow**

体长 15~19cm　　常见的夏候鸟　　4 月中下旬至 5 月上旬迁来，10 月南迁　　LC（无危）

周树林 摄

周树林 摄

周树林 摄

形态特征： 颈侧具栗黄色斑，上体蓝黑色闪辉，腰具栗棕色横带，下腹棕白色而具黑色纵纹，尾叉深。虹膜褐色，嘴、脚黑色。

习性与分布： 栖息于低山丘陵和平原地区的村庄、城镇。空中捕捉昆虫为食。分布于欧亚大陆南部、非洲、大洋洲。国内共4个亚种，分布在长白山区的有2种，指名亚种 *C.d.daurica* 见于辽宁、新疆、内蒙古东北部，翅较长，12cm 以上，下体带棕色，纵纹明显，腰羽几乎无纵纹；普通亚种 *C.d.japonica* 见于中国西部除西藏以外地区，翅较短，在 12cm 以下，头顶具蓝黑色金属光泽，胸腹部斑纹较粗重，下体染棕黄色。郑光美、高玮、赵正阶认为两个亚种在长白山区均为常见夏候鸟。傅桐生、刘阳等认为在长白山区的为普通亚种，刘阳认为指名亚种在东北地区为偶见或罕见，张正旺等认为在长白山区只有指名亚种，有待考证。

金腰燕　*Cecropis daurica*　Red-rumped Swallow

体长 16~20cm　　常见的夏候鸟　　5 月上中旬迁来，10 月末 11 月初南迁　　LC（无危）

武孝崇 摄

王顺 摄

形态特征：额、头顶、背、肩黑色具蓝黑色金属光泽，下体和腰白色，跗趾被白羽，尾黑褐色叉状。虹膜深褐色，嘴黑色，脚粉红色。

习性与分布：栖息于山地、森林、河谷、悬崖等处，集群。分布于亚欧大陆及非洲，国内共 2 个亚种，分布在长白山区的为东北亚种 *D.u.lagopodum*。该亚种尾上覆羽纯白，繁殖于东北、华北、华中、华东地区，国内越冬于云南西部。

毛脚燕 *Delichon urbicum* Common House Martin

体长 13~14cm　罕见的夏候鸟　4 月末 5 月初迁来，9 月末 10 月初南迁　LC（无危）

形态特征：上体蓝黑色具金属光泽，翅下覆羽深灰色，下体灰白色，腰白色，尾叉型，尾下覆羽呈鳞状。虹膜褐色，嘴黑色，脚粉红色。

习性与分布：栖息于海拔 1500m 以上的山地悬崖峭壁处，尤其喜欢栖息和活动在人迹罕至的荒凉山谷地带，也栖息于寺庙、桥梁等人工建筑物上。在中国主要为旅鸟，有的为夏候鸟或留鸟。国内共 3 个亚种，分布在长白山区的为指名亚种 *D.ddasypus*。该亚种繁殖于东北北部，迁徙经过中国东部。孙晓明 2011 年 6 月 15 日见于抚松。该种系长白山区新记录鸟种。

孙晓明 摄

烟腹毛脚燕 *Delichon dasypus* Asian House Marthin

体长 12~13cm　罕见的旅鸟、夏候鸟　5 月初迁来，9 月末 10 月初南迁　LC（无危）

鹎科 Pycnonotidae

贾晓刚 摄

周树林 摄

胡俊杰 摄

胡俊杰 摄

贾晓刚 摄

形态特征： 通体灰色，头顶至后颈灰色，耳羽栗色下延经颈侧到颈前。虹膜褐色，嘴黑灰色，脚偏黑色。

习性与分布： 栖息于低山阔叶林、混交林以及城市园林。飞行呈波浪形。分布于朝鲜半岛、日本和菲律宾。国内共 2 个亚种，分布于长白山区的为指名亚种 *H.a.amaurotis*。该亚种广泛分布于东北地区及河北、北京、浙江、上海、台湾，体色较暗。

栗耳短脚鹎 *Hypsipetes amaurotis* Brown-eared Bulbul

体长 27~29cm　不常见的旅鸟或迷鸟　春秋迁徙季节偶见　LC（无危）

周树林 摄

谷国强 摄

亚成鸟 / 周树林 摄

谷国强 摄

谷国强 摄

形态特征：额至头顶黑色，眼上方至后枕白色，耳羽、颏、喉白色，上体灰褐或橄榄灰色，具黄绿色羽缘，腹白色。虹膜褐色，嘴、脚黑色。

习性与分布：分布于韩国、越南、日本。国内共3个亚种，分布在长白山区的为指名亚种 *P.s.sinensis*。该亚种见于除黑龙江、新疆、西藏、台湾以外地区，枕部有白羽，背部栗色较多，下体黄色纹较显著。编者2018年5月8日见于浑江电厂大坝。

白头鹎 *Pycnonotus sinensis* **Light-vented Bulbul**

体长 17~21cm　　不常见的留鸟　　LC（无危）

柳莺科 Phylloscopidae

谷国强 摄

谷国强 摄

形态特征：嘴较粗壮，上体橄榄褐色而无斑纹，眉纹前端皮黄色，至眼后成奶油白色，脸侧及耳羽具散布的深色斑点，下体污白色，胸及两胁沾皮黄色，尾下覆羽黄褐色，尾较长，略分叉。虹膜褐色；上嘴褐色，下嘴色浅；脚黄褐色。

习性与分布：主要栖息于海拔1400m以下的低山丘陵和平原地带，繁殖于东北亚，越冬于缅甸及中南半岛，国内除宁夏、西藏、青海外，见于全国各地。

巨嘴柳莺 *Phylloscopus schwarzi* Radde's Warbler

体长 12~14cm　常见夏候鸟　4月下旬至5月上旬迁来，9月中下旬至10月上中旬南迁　LC（无危）

李久富 摄

肖智 摄

周树林 摄

形态特征：顶冠纹淡黄色，眉纹粗，眼先橙黄色，具两道浅黄色清晰翼斑，三级飞羽末端具浅色羽缘，上体橄榄绿色，下体灰白色，腰柠檬黄色。虹膜褐色；嘴黑色，嘴基橙黄色；脚粉红色。

习性与分布：栖息于海拔2000m以下的阔叶林、次生林、果园等生境，性活泼，在树顶之间跳跃寻找食物，繁殖于亚洲北部，越冬于印度、中南半岛北部，国内繁殖于黑龙江、吉林东部和北部、内蒙古北部，越冬于华北、华中、华东、华南、东南和西南大部分地区。

黄腰柳莺 *Phylloscopus proregulus* Pallas's Leaf Warbler

体长 9~11cm　常见的夏候鸟　4月下旬迁来，9月下旬至10月上旬迁离　LC（无危）

肖智 摄

周树林 摄

马立明 摄

形态特征：上体橄榄绿色，具两道明显近白色翼斑，眉纹前段白后段黄，三级飞羽白斑明显，下体从白色变至黄绿色。虹膜褐色；上嘴深褐色，下嘴基黄色；脚粉褐色。

习性与分布：主要栖息于山地平原地带的森林中。繁殖于亚洲北部，越冬于印度、东南亚和马来半岛，国内见于新疆以外地区。

黄眉柳莺 *Phylloscopus inornatus* Yellow-browed Warbler

体长9~11cm　常见的夏候鸟　4月下旬迁来和9月中旬南迁　LC(无危)

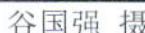
谷国强 摄

谷国强 摄

形态特征： 眉纹长，黄白色，上体深橄榄色，白色翼斑甚浅，两道翼斑，前道模糊，下体略白色，两胁橄榄褐色，眼先及过眼纹近黑色。虹膜深褐色；上嘴深褐色，下嘴黄色；脚褐色。

习性与分布： 栖息于较为潮湿的针叶林和针阔混交林及其林缘灌丛地带。繁殖于欧洲北部、亚洲北部及阿拉斯加，越冬于东南亚。国内共 2 个亚种，分布于长白山区的为指名亚种 *P.bborealis*。该亚种上体橄榄绿色，头与背同色，下体钝白粘黄色，除海南外见于各省。高玮、刘阳认为在长白山区为夏候鸟。

极北柳莺 *Phylloscopus borealis* Arctic Warbler

体长 11~13cm　　常见的旅鸟　　4 月末 ~ 5 月末和 8 月末 ~ 9 月末经过　　LC（无危）

肖智 摄

孙晓明 摄

林涛 摄

形态特征：上体深绿色，具明显的白色长眉纹，无顶冠纹，具两道浅黄色翼斑，下体白色而腰绿色。虹膜褐色；上嘴深褐色，下嘴粉红色；脚蓝灰色。

习性与分布：栖息于山地针叶林和阔叶混交林。繁殖于东北亚，越冬至泰国及中南半岛，国内见于除新疆、西藏和台湾外地区。在东北地区为夏候鸟，东部和南部沿海地区为旅鸟，海南偶有越冬记录。

双斑绿柳莺 *Phylloscopus plumbeitarsus* **Two-barred Warbler**

体长 11~12cm　　常见的夏候鸟　　4 月末迁来，10 月南迁　　LC（无危）

陈毅 摄

孙晓明 摄

形态特征： 头顶黑灰色，上体橄榄褐色，两者对比明显，白色的长眉纹前端黄色，腰及尾上覆羽橄榄褐色，具两道黄色翼斑，下体白色，两胁沾黄灰色。虹膜褐色；上嘴暗褐色，下嘴带粉色；脚浅粉色。

习性与分布： 栖息于海拔 1700m 以下的阔叶林、混交林和针叶林，叫声似虫鸣，停歇时不断往下弹尾。主要繁殖于日本，越冬于东南亚。国内见于从黑龙江至广西的沿海各地。

淡脚柳莺 *Phylloscopus tenellipes* **Pale-ledded Leaf Warbler**

体长 11~12cm　　常见的夏候鸟　　5 月上中旬迁来，9 月中下旬南迁　　LC（无危）

谷国强 摄

孙晓明 摄

谷国强 摄

形态特征: 具近白色的眉纹和顶冠纹，眼先及过眼纹近黑色，上体绿橄榄色，飞羽具黄色羽缘，仅一道黄白色翼斑，下体近白色，尾下覆羽黄色。虹膜深褐色；上嘴褐色，下嘴色浅；脚灰色。

习性与分布: 栖息于海拔 2000m 以下的山地针叶林、针阔混交林及灌丛。繁殖于亚洲东北部、东南亚、苏门答腊及爪哇，国内见于除宁夏、新疆、西藏、青海、海南以外地区。

冕柳莺 *Phylloscopus coronatus* Eastern Crowned Warbler

体长 11~12cm　不常见的夏候鸟　4 月下旬迁来，9 月中旬南迁　LC（无危）

黄泉杰 摄

谷国强 摄

形态特征：上体褐色，无翼斑，眉纹前白后黄，贯眼纹暗褐色，颏、喉白色，下体皮黄色粘褐色，臀橙黄色。虹膜黑褐色；上嘴深褐色，下嘴皮黄色，脚淡褐色。

习性与分布：栖息于平原至海拔 4500m 的山地森林以上的高山灌丛地带。繁殖于亚洲北部、西伯利亚、蒙古国北部、中国东北、西北至西南，越冬至东南亚、中南半岛及喜马拉雅山麓。国内共 3 个亚种，分布在长白山区的为指名亚种 *P.f.fuscatus*。该亚种见于全国各地，上体褐色较淡，下体乳白沾棕色，眉纹前白后带棕色，脸颊无皮黄色。

褐柳莺　*Phylloscopus fuscatus*　**Dusky Warbler**

体长 11~12cm　　常见的旅鸟、夏候鸟　　4 月末 ~ 5 月中旬迁来，9 月中旬 ~ 10 月中旬南迁　　LC（无危）

树莺科 Cettiidae

谷国强 摄

谷国强 摄

形态特征： 上体棕褐色，顶冠具鳞状斑纹，皮黄色的眉纹延至后颈，贯眼纹黑色，下体白色，两胁及臀部皮黄色。虹膜褐色；上嘴深褐色，下嘴浅褐色；脚粉红色。

习性与分布： 主要栖息于海拔 1500m 以下的低山和山脚混交林及其林缘，在越冬区见于较开阔的多灌丛生境，高可至海拔 2100m。繁殖于东北亚，越冬于东南亚。国内见于东北、华北、华东、华南地区。

鳞头树莺 *Urosphena squameiceps* Asian Stubtail

体长 8~10cm　不常见的夏候鸟　4 月末至 5 月中旬迁来，9 月中下旬南迁　LC（无危）

张国成 摄

张国成 摄

形态特征： 头顶棕红色，眼纹淡褐色，皮黄色的眉纹显著，上体褐色，无翼斑或顶纹，下体皮黄色较少。虹膜褐色；上嘴褐色，下嘴色浅；脚粉红色。

习性与分布： 主要栖息于海拔 1100m 以下的山地、丘陵和山脚平原地带的次生林、灌丛。国外繁殖于东亚，越冬至印度东北部、东南亚。国内共 2 个亚种，分布在长白山区的为东北亚种 *H.c.borealis*。该亚种上体灰棕褐色，头顶前部粘棕褐色，广泛分布于东北地区，迁徙经过东部沿海地区，越冬于东南沿海地区。

远东树莺 *Horornis canturians* Manchurian Bush Warbler

体长 14~18cm　常见的夏候鸟　4 月中下旬迁来，9 月至 10 月迁离　LC（无危）

长尾山雀科 Aegithalidae

张晓梅 摄

胡俊杰 摄

周树林 摄

贾晓刚 摄

形态特征：头白色，背黑色，肩和腰葡萄红色，翼上具大块白斑，下体近白色，黑色尾羽长，外侧尾羽白色。虹膜褐色，嘴黑色，脚浅黑色。

习性与分布：栖息于山地针叶林、阔叶林及混交林。分布于欧洲和亚洲温带地区。国内分布于东北及新疆北部。原为银喉长尾山雀的指名亚种。

北长尾山雀　*Aegithalos caudatus*　Long-tailed Tit

体长 10~16cm　　常见的留鸟　　LC（无危）

鸦雀科 Paradoxornithidae（莺鹛科 Sylviidae）

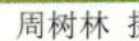
周树林 摄

孙晓明 摄

形态特征：头部棕栗色，上体沙褐色具深褐色纵纹，眼先和颊黑色，眉纹暗褐色，耳羽淡褐色，飞羽褐色，尾羽长，外侧尾羽黑褐色，下体白色，胸和胁前部具栗色纵纹，尾下覆羽沾棕色。虹膜褐色；上嘴灰褐色，下嘴黄色；脚棕褐色。

习性与分布：栖息于山地、近山平原的灌丛、矮树丛。分布于东北南部、华北、西北地区。国外分布于朝鲜。据高玮记载，长白山区的延边有分布，孙晓明 2010 年 7 月见于抚松。国内共 3 个亚种，分布在长白山区的为指名亚种 *R.p.pekinensis*。该亚种上体棕褐色，体色较淡，眉纹灰色，嘴长 1.2~1.4cm，中央尾羽暗棕色，广泛见于内蒙古兴安盟、辽宁、吉林的白城、长春、延边，向西直至宁夏贺兰山的黄河谷地。

山鹛 *Rhopophilus pekinensis* Chinese Hill Babbler

体长 17~18cm　　不常见的留鸟　　LC（无危）

周树林 摄

周树林 摄

棕头鸦雀喂大杜鹃 / 周树林 摄

周树林 摄

形态特征：雌雄酷似，体小尾长，嘴短而粗。通体棕色，两翅表面棕红色，幼鸟似成鸟，相对体色苍淡，翅面淡棕色，上体呈棕褐色，下体棕黄色。虹膜褐色，嘴棕黄色，脚粉红色。

习性与分布：栖息于海拔 800m 以下低山灌丛地带，分布于东北亚，国内见于除新疆、西藏、青海以外地区。我国有 6 个亚种，分布在长白山区的为东北亚种 *S.w.mantschurica*。该亚种胸部粉红色，喉部无暗色细纹，头顶浅棕色，见于黑龙江东部、内蒙古东部、吉林、辽宁、河北。郑光美《中国鸟类分类与分布名录（第三版）》将棕头鸦雀、震旦鸦雀、山鹛划归莺鹛科，刘阳按最新国际划法将此 3 种划归鸦雀科。

棕头鸦雀 *Sinosuthora webbiana* Vinous-throated Parrotbill

体长 12~13cm　　常见的留鸟　　LC（无危）

周树林 摄

周树林 摄

周树林 摄

周树林 摄

形态特征：头顶、头侧至后颈灰白色，眉纹黑色粗著延至颈侧，背至尾赤褐色，背部具黑色条纹，小覆羽少数白色，颏、喉灰白色，下体余部赤褐色，胸部色深。虹膜红褐色，嘴灰黄色而扁，脚粉红色。

习性与分布：栖息于河流、湖泊、池塘生境的芦苇丛。国内共 3 个亚种，据高玮记载，分布在长白山区的为黑龙江亚种 *P.h.polivanovi*。该亚种见于黑龙江、吉林、辽宁、河北、天津、山东、内蒙古东北部，头顶较多灰蓝色，体色较淡，背部无灰色粗纹。

震旦鸦雀 *Paradoxdrnis heudei* Reed Parrotbill

体长 18~20cm　　常见的留鸟　　国家二级重点保护野生动物　　NT（近危）

绣眼鸟科 Zosteropidae

周树林 摄

柳明洙 摄

柳明洙 摄

形态特征： 上体黄绿色，颏、喉黄色，眼周具明显白色眼圈，下体白色，胁部栗红色。虹膜红褐色，嘴橄榄色，脚灰黑色。

习性与分布： 栖息于海拔 900m 以下山脚平原地带阔叶林及次生林。分布于东亚及中南半岛，国内见于除新疆、青海、海南、台湾以外地区。

红胁绣眼鸟 *Zosterops erythropleurus* **Chestnut-flanked White-eye**

体长 10.5~11.5cm　常见的夏候鸟　4 月上旬迁来，9 月中下旬南迁　国家二级重点保护野生动物　LC（无危）

噪鹛科 Leiothrichidae

陈保利 摄

肖智 摄

孙晓明 摄

形态特征： 嘴黄色而下弯，嘴须发达，通体灰褐色，具浅色眉纹。虹膜褐色，脚石板灰色。

习性与分布： 中国特有种。栖息于山区近山平原的疏林及灌丛，冬季多成小群在河边柳丛或矮柞树林下觅食植物种子或卷蛾、夜蛾越冬昆虫及幼虫。繁殖季节雄鸟鸣声多变，叫声悦耳。共 4 个亚种，分布在长白山区的为北方亚种 *G.d.chinganicus*。该亚种见于吉林、辽宁、河北、北京、天津、山东、内蒙古。孙晓明 2011 年 6 月 26 日曾见于抚松。该鸟种在长白山区为新记录鸟种。

山噪鹛 *Garrulax davidi* **Plain Laughingthrush**

体长 22~27cm　　不常见的留鸟　　LC(无危)

旋木雀科 Certhiidae

孙晓明 摄

李久富 摄

姜权 摄

形态特征: 上体棕褐色，嘴细长下弯，背部具较多白色和棕白色羽干纹，下体乳白色，下腹和尾下覆羽沾皮黄色，尾楔形硬而尖。虹膜褐色；上嘴褐色，下嘴色浅，脚偏褐色。

习性与分布： 活动于山地阔叶林、针叶林、混交林，也见于人工林、次生林和城市园林。喜螺旋攀援于树干觅食昆虫。国内共 3 个亚种，分布在长白山区的为北方亚种 *C.f.daurica*。该亚种见于东北、河北北部、北京、新疆北部，背部较多灰色纵纹，上体较淡，棕褐色杂以白纹。

欧亚旋木雀 *Certhia familiaris* **Eurasian Treecreeper**

体长 11~14cm　不常见的留鸟　LC(无危)

鳾科 Sittidae

王顺 摄　李久富 摄　李久富 摄　孙晓明 摄　柳明洙 摄

形态特征： 眉纹白色，黑色过眼纹较模糊，头顶黑色，上体石板蓝灰色，下体灰棕色或棕黄色。虹膜褐色；嘴近黑色，下嘴基部色较浅；脚灰色。

习性与分布： 边缘性分布于俄罗斯远东及朝鲜。食昆虫，无虫季食虫卵和食物种子。国内共 2 个亚种，分布在长白山区的为指名亚种 *S.v.villosa*。该亚种体色较淡，下体呈灰棕色，翅长 6.4~6.6cm，广泛分布于吉林东部、辽宁、河北北部、北京、山西、陕西南部、宁夏北部、甘肃南部。

黑头鳾　*Sitta villosa*　**Chinese Nuthatch**

体长 10~12cm　　不常见的留鸟　　LC(无危)

柳明洙 摄

周树林 摄

柳明洙 摄

周树林 摄

周树林 摄

形态特征：上体蓝灰色，具长而黑的贯眼纹，颏、喉、胸、尾下覆羽白色具栗色羽缘，其余下体淡棕色至肉桂棕色。雌鸟胁、腹和尾下覆羽较淡。虹膜深褐色；上嘴灰黑色，下嘴基部角质灰色；脚深灰色。

习性与分布：分布于古北界。食性同黑头䴓。栖息于海拔 1700m 下的针叶林、红松阔叶混交林和阔叶林中，尤喜老红松阔叶林。国内共 4 个亚种，分布在长白山区的为黑龙江亚种 *S.e.amurensis*。该亚种下喉和胸白色，上腹白色，下腹皮黄色，见于黑龙江、吉林东部、辽宁南部、河北东北部、北京。

普通䴓　*Sitta europaea*　**Eurasian Nuthatch**

体长 11~15cm　常见的留鸟　LC(无危)

鹪鹩科 Troglodytidae

白俭华 摄

NORA 摄

谷国强 摄

形态特征：眉纹灰白色，通体棕褐色，下体多黑褐色横纹，尾短小，常向上翘起。幼鸟色深，黑色斑纹更显著。虹膜褐色，嘴褐色且直，脚褐色。

习性与分布：栖息于潮湿的森林地带、沿溪岩壁、林缘、林间及倒木旁，食昆虫和小型水生动物。国内共 7 个亚种，分布在长白山区的为东北亚种 *T.t.dauricus*。该亚种见于东北地区。

鹪鹩 *Troglodytes Troglodytes* **Eurasian Wren**

体长 9~11cm　　不易见的留鸟　　LC(无危)

河乌科 Cinclidae

孙晓明 摄

丁连国 摄

姜权 摄

形态特征：体羽咖啡黑褐色。幼鸟体羽黑色。虹膜褐色，嘴、脚黑色。

习性与分布：栖息于山区溪流、河川附近，分布于中亚、喜马拉雅山脉、中南半岛及东南亚。国内共 3 个亚种，分布在长白山区的为指名亚种 *C.p.pallasii*。该亚种体色浓褐，嘴粗，长度超过 2cm，广泛分布于除西藏、海南以外的全国各地。

褐河乌　*Cinclus pallasii*　Brown Dipper

体长 18~22cm　常见的留鸟　LC(无危)

椋鸟科 Sturnidae

雌鸟 / 陈毅 摄

雄鸟 / 周树林 摄

周树林 摄

形态特征：雄鸟头顶至后颈黑色，额和头顶杂白色，颊和耳羽白色具黑色纵纹，上体灰褐色，尾上覆羽白色，喉、胸、上腹暗灰褐色，腹中部和尾下覆羽白色。雌鸟色淡。虹膜偏红色，嘴黄色而尖端黑，脚橘红色。

习性与分布：栖息于低山丘陵和开阔平原的疏林、河谷阔叶林、农田防护林、城市园林等生境。分布于俄罗斯中部、蒙古国、朝鲜半岛、日本。国内分布于西藏以外地区。

灰椋鸟 *Spodiopsar cineraceus* White-cheeked Starling

体长 21~23cm　　常见的夏候鸟　　3 月下旬迁来，7 月中下旬南迁　　LC(无危)

雄鸟 / 谷国强 摄

雌鸟 / 谷国强 摄

雄鸟 / 谷国强 摄

形态特征：雄鸟头灰白色，枕部具紫黑色闪辉斑块，上体黑色，具紫色光泽。翅黑色，翅与肩部具白色带斑，下体灰白色，尾黑色，尾上覆羽棕白色。雌鸟枕部无黑色斑块，上体无紫色光泽。虹膜褐色，嘴灰黑色，脚灰褐色。

习性与分布：栖息于低山丘陵，平原地区阔叶林、灌丛、农田防护林。食鳞翅目、鞘翅目、蚂蚁等昆虫，很少食植物浆果。分布于俄罗斯、蒙古国、朝鲜、东南亚。国内除新疆、西藏、青海外见于全国各地。

北椋鸟　*Agropsar sturninus*　**Duarin Starling**

体长 17~20cm　　常见的夏候鸟　　4 月迁来，8 月下旬 9 月上旬南迁　　LC(无危)

周树林 摄

成鸟 / 孙晓明 摄

周树林 摄

亚成鸟 / 周树林 摄

形态特征：通体紫黑色，具金属光泽，亚成鸟周身布满白色斑点。虹膜深褐色，嘴黄色，脚红色。

习性与分布：栖息于平原、开阔地区、林地、农田、果园、水域岸边或居民点附近。营巢于天然树洞。喜集大群。分布于印度、中亚、西亚、欧洲及北非。国内有 2 个亚种，分布在长白山区的为北疆亚种 *S.v.poltaratskyi*。该亚种广泛分布于东北、西北、华北、华东、华南地区，头顶具金属紫绿色光辉，背呈金属墨绿色。冷圣彤 2019 年 3 月 26 日见于白山市浑江区张家村，该种在长白山区系新记录鸟种。

紫翅椋鸟 *Sturnus vulgaris* **Common Starling**

体长 20~24cm　常见的夏候鸟　4 月迁来，9–10 月南迁　LC(无危)

鸫科 Turdidae

雄鸟 / 周树林 摄

雄鸟 / 周树林 摄

雌鸟 / 谷国强 摄

形态特征：雄鸟蓝黑色，白色眉纹显著，尾羽羽端及臀部白色。雌鸟橄榄褐色，下体皮黄白色及赤褐色，眉纹黄白色。

习性与分布：栖息活动于针叶林和混交林地面，性活跃，于地面觅食昆虫和植物种子。分布于西伯利亚、蒙古国、朝鲜、日本、泰国、柬埔寨、印度、马来西亚、印度尼西亚。国内有 2 个亚种，分布在长白山区的为指名亚种 *G.s.sibirica*。该亚种繁殖于东北，迁徙经东部地区，体色较淡，腹部杂有白色。

白眉地鸫 *Geokichla sibirica* Siberian Thrush

体长 20~23cm　　常见的夏候鸟　　4 月中下旬迁来，9 月末 10 月初南迁　　LC(无危)

许远生 摄

非繁殖羽 / 柳明洙 摄

周树林 摄

形态特征：雌雄酷似，额至尾上覆羽呈鲜亮橄榄赭褐色，具亮棕色羽干纹，具黑色端斑和金棕色次端斑，在上体形成明显的黑色鳞状斑，下体浅棕白色，除颏、喉和腹中部外均具黑色鳞状斑。虹膜黑褐色，嘴灰褐色，脚肉棕色。

习性与分布：栖息于森林、溪谷、河流两岸和地势低洼的密林，地面跳跃追捕昆虫及幼虫，亦食植物种子及浆果。分布于欧洲、西伯利亚东南部、东南亚、印度、菲律宾和澳大利亚等地。国内共 2 个亚种，分布在长白山区的为指名亚种 *Z.a.aurea*。该亚种见于各省。

虎斑地鸫 *Zoothera aurea* White's Thrush

体长 26~30cm　　常见的夏候鸟　　4 月中下旬迁来，9 月下旬南迁　　LC(无危)

雄鸟 / 刘金彩 摄

雌鸟 / 谷国强 摄

雄鸟 / 刘金彩 摄

雄鸟育雏 / 周树林 摄

形态特征：雄鸟上体从头至尾包括两翼表面均蓝灰色，胁、翅下覆羽橙栗色，下胸中部及腹部白色，两翅和尾黑色。雌鸟颏、喉两侧及胸部具黑色斑。虹膜褐色，嘴黄色，脚肉色。

习性与分布：栖息于海拔 1500m 以下的低山茂密森林、林缘、疏林、草坡、果园和农田。食昆虫，亦食蚯蚓等小动物以及植物种子果实。繁殖于俄罗斯、西伯利亚东南部、远东和朝鲜。国内繁殖于东北，迁徙经北京、河北、山东、江苏等地，越冬于华南地区及湖南、浙江、福建、云南、香港、台湾等地。

灰背鸫 *Turdus hortulorum* **Grey-backed Thrush**

体长 21~23cm　常见的夏候鸟　4 月下旬至 5 月上旬迁来，9 月末 10 月初南迁　LC(无危)

雌鸟 / 孙晓明 摄

雌鸟 / 谷国强 摄

雄鸟 / 肖智 摄

形态特征：雄鸟头、颈灰褐色，白色眉纹显著，上体橄榄褐色，胸和两胁棕黄色，腹和尾下覆羽白色。雌鸟羽色稍浅，喉白色具褐色条纹，下颊纹灰白色。虹膜褐色，嘴基部黄端黑，脚偏黄至深肉棕色。

习性与分布：栖息繁殖于海拔 1200m 以上的森林、河谷等水域附近泰加林或混交林，营巢于溪水边，迁徙越冬可见于公园、果园和农田。主要食昆虫，亦食无脊椎动物和植物种子、果实。常与赤颈鸫、斑鸫混群，受惊后飞至树上长时间不动。繁殖于泰加林或针阔混交林内，国内繁殖于黑龙江北部，迁徙经西部以外的全国大部分地区，越冬于长江以南地区，除西藏外均有分布。

白眉鸫 *Turdus obscurus* **Eyebrowed Thrush**

体长 20~24cm　　常见的夏候鸟　　4 月下旬至 5 月上旬迁来，9 月南迁　　LC(无危)

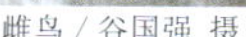
雌鸟 / 谷国强 摄

雄鸟

雌鸟 / 谷国强 摄

形态特征： 雄鸟额、头顶及枕为棕灰褐色，无眉纹，上体栗色，尾羽黑褐粘灰色，外侧两枚尾羽端白色而宽，腹中央及尾下覆羽白色粘灰。雌鸟色深，头部黑褐色，喉白有细纹。虹膜褐色，上嘴黑色，脚浅褐色。

习性与分布： 栖息于中低山地森林、公园，地栖性，食昆虫，也食其他无脊椎动物和植物的果实、种子。分布于俄罗斯、西伯利亚远东、朝鲜，越冬于日本、东南亚及印度、尼泊尔、孟加拉国、苏门答腊岛和加里曼丹岛等地。国内繁殖于东北地区，迁徙经华北地区，越冬于华东、华南及以南地区，各地均有记录。

白腹鸫　*Turdus pallidus*　**Pale Thrush**

体长 22~23cm　常见的夏候鸟　4 月下旬迁来，10 月上中旬南迁　LC(无危)

雌鸟 / 周树林 摄

雄鸟 / 宋惠东 摄

亚成鸟 / 刘金彩 摄

雄鸟 / 黄泉杰 摄

雄鸟 / 贾晓刚 摄

形态特征： 眉纹白色，髭纹棕色，耳羽棕褐色，背部棕褐色，胸、胁具红色点斑，腰、尾羽、翅下覆羽红色。虹膜褐色；上嘴黑褐色，下嘴基黄色；脚褐色。

习性与分布： 通常和其他鸫类结群活动，穿行于农田旷野的草地上，食昆虫、植物种子、果实。除西藏、海南外，各地均有分布。

红尾斑鸫（红尾鸫） *Turdus nanmanni* Naumann's Thrush

体长 20~24cm　常见的旅鸟　3 月末 5 月初和 9 月末 ~ 11 月初经过　LC（无危）

雄鸟 / 谷国强 摄

雄鸟繁殖羽 / 谷国强 摄

雄鸟繁殖羽 / 谷国强 摄

雌鸟繁殖羽 / 谷国强 摄

形态特征： 上体黑褐色，两翼棕栗色，眉纹、颏、喉黄白色，尾上覆羽褐色，胸、胁具黑褐色斑纹。雄鸟头顶黑色，背部黑色与翼上棕色对比显著。雌鸟背部偏棕色。虹膜深褐色；上嘴偏黑色，下嘴黄色；脚褐色。

习性与分布： 栖息于山林、林缘、村落和城市公园。常于地上跳跃觅食，春季食植物种子果实，夏季食昆虫，亦食浆果。分布于东北亚地区。国内分布于除西藏之外的地区。关于红尾鸫和斑鸫的居留情况，学界尚有分歧，赵正阶、郑光美等认为这两种鸟在长白山区为旅鸟，傅桐生、高玮则界定为冬候鸟，9 月下旬迁来，5 月上旬迁离。

斑鸫　*Turdus eunomus*　**Dusky Thrush**

体长 19~24cm　　常见的旅鸟　　3 月末 ~ 5 月初和 9 月末 ~ 11 月初经过　　LC(无危)

鹟科 Muscicapidae

谷国强 摄

谷国强 摄

形态特征: 上体橄榄褐色，尾棕色，下体近白，胸部具橄榄色鳞状斑纹，两胁橄榄灰白色，腹部和尾下覆羽污灰白色。虹膜褐色，嘴黑色，脚粉红色。

习性与分布: 栖息于疏林下灌木密集处，在地上和接近地面的灌木或树桩上活动，繁殖期鸣声悦耳。分布于西伯利亚、日本、朝鲜、老挝。国内繁殖于东北地区，迁徙经华北、华中、华东、华南等地区，部分越冬于西南地区。

红尾歌鸲 *Larvivora sibilans* **Rufous-tailed Robin**

体长 13~15cm　不常见的夏候鸟　4 月末 5 月初迁来，9 月中下旬迁离　LC(无危)

雄鸟 / 周树林 摄

雄鸟 / 孙晓明 摄

雌鸟 / 吕春琦 摄

雄鸟 / 黄泉杰 摄

形态特征：雄鸟上体蓝色，黑色过眼纹延至颈侧和胸侧，下体白色。雌鸟上体橄榄褐色，喉及胸褐色，并具皮黄色鳞状斑纹，腰及尾上覆羽沾蓝色。虹膜黑褐色，嘴蓝黑色，脚粉红色。

习性与分布：栖息于密林的地面或近地面处，很少上枝头，在地面驰行时尾上下扭动，食物几乎全是昆虫。分布于西伯利亚、朝鲜、日本、中南半岛、马来西亚、印度尼西亚、印度、缅甸。国内共 2 个亚种，分布在长白山区的为指名亚种 *L.c.cyane*。该亚种见于除新疆、青海以外地区。

蓝歌鸲　*Larvivora cyane*　**Siberian Blue Robin**

体长 12~13cm　　不常见的夏候鸟　　4 月末 5 月初迁来，9 月中下旬迁离　　LC(无危)

雄鸟 /NORA 摄

雄鸟 / 周树林 摄

雌鸟 / 李奋清 摄

雄鸟 / 谷国强 摄

雄鸟 / 谷国强 摄

形态特征： 体羽大部分为纯橄榄褐色，具醒目的白色眉纹和颊文，雄鸟喉部红色，雌鸟喉部白色，部分雌鸟喉染少许红色，老年变成粉红色。虹膜褐色，嘴深褐色，脚粉褐色。

习性与分布： 常在茂密树丛、芦苇丛、沼泽地跳跃，性隐蔽，喜于林下穿行，主要食昆虫，亦食少量植物性食物。繁殖于东北亚，越冬于印度、东南亚。国内繁殖于东北、青海东北部至甘肃南部及四川，迁徙时遍及长江以南各地，越冬于我国南方大部分地区。

红喉歌鸲（红点颏） *Calliope calliope* **Siberian Rubythroat**

体长 12~13cm　不常见的夏候鸟　4 月下旬迁来，9 月下旬迁离　国家二级重点保护野生动物　LC(无危)

雄鸟 / 孙晓明 摄

雌鸟 / 陈保利 摄

雌亚成鸟 /NORA 摄

形态特征： 雄鸟喉部具栗色、蓝色及黑白色图纹组成的斑块，眉纹近白，飞行时可见外侧尾羽基部的棕色，上体灰褐色，下体白色，尾深褐色。雌鸟喉具白色及黑色点斑组成的胸带。虹膜、嘴深褐色，脚粉红色。

习性与分布： 栖息于近水的灌丛或芦苇丛中，常在地面做近距离奔驰，不时地扭动尾羽或将尾翅展开，多在地面捕食昆虫。分布于欧洲、非洲北部、俄罗斯、阿拉斯加、亚洲中部、伊朗、印度等地。国内共 5 个亚种，繁殖于东北，越冬于西南及东南地区。分布在长白山区的为指名亚种 *L.s.svecica*。该亚种上体土褐色，胸部具棕色横带较浓著，棕红色的喉斑较大，除新疆、海南外见于全国各地。

蓝喉歌鸲（蓝点颏）　*Luscinia svecica*　Bluethroat

体长 14~16cm　不常见的夏候鸟　5 月上旬迁来，9 月中、下旬迁离　国家二级重点保护野生动物　LC(无危)

雌鸟 / 周树林 摄

雄鸟 / 孙晓明 摄

雌鸟 / 周树林 摄

雌鸟 / 蔡福禄 摄

雄鸟 / 李海杰 摄

雄鸟 / 李久富 摄

形态特征：雄鸟眉纹白色，头、颈、上体为亮蓝色，下体白色，颏、喉、胸棕白色，腹至尾下覆羽白色，两胁橙棕色。雌鸟上体褐色，两胁橙棕色，尾蓝褐色。虹膜褐色，嘴黑色，脚灰色。

习性与分布：常于树杈和地面跳跃觅食，主要食昆虫，偶食植物种子和果实。分布于东北亚、喜马拉雅山脉和东南亚地区。国内见于西藏以外各地，繁殖于东北、内蒙古北部、青海和甘肃，迁徙经华北、华中、华东等地至南方越冬。

红胁蓝尾鸲 *Tarsiger cyanurus* **Orange-flanked Bluetail**

体长 13~14cm　　常见的夏候鸟　　4 月上旬迁来，9 月下旬 ~ 10 月中旬迁离　　LC(无危)

雌鸟 / 蔡福禄 摄

雄鸟育雏 / 马立明 摄

雄鸟 / 周树林 摄

雌鸟 / 周树林 摄

雄鸟 / 周树林 摄

形态特征： 雄鸟头顶、枕、后颈灰白色，胸、腹至尾下覆羽橙红色，脸、喉、背、翅黑色，翅上具醒目白色翼斑。雌鸟通体橄榄褐色，下体略浅，尾褐色，外侧尾羽橙红色。虹膜褐色，嘴、脚黑色。

习性与分布： 栖息于山地、森林、河谷、林缘、城镇等生境。主要食昆虫。繁殖于俄罗斯东部、西伯利亚南部、蒙古国、朝鲜以及中国除新疆、西藏、青海外地区。国内共 2 个亚种，繁殖于东北，越冬于长江以南。分布在长白山区的为指名亚种 *P.a.auroreus*。该亚种雄鸟上体黑色，体色较淡，头顶浅灰色，背部黑色略淡，雌鸟上体褐色较淡，尾部棕色较淡，广泛分布于除新疆、西藏、青海以外地区。

北红尾鸲　*Phoenicurus auroreus*　**Daurian Redstart**

体长 13~15cm　常见的夏候鸟　4 月下旬迁来，10 月中下旬迁离　LC(无危)

雄鸟 / 马立明 摄

雌鸟 / 冷圣彤 摄

雄鸟 / 谷国强 摄

雌鸟 / 孙晓明 摄

雄鸟 / 周树林 摄

雌鸟 / 谷国强 摄

形态特征：雄鸟头部及飞羽黑色，颈及翼上具粗大白斑，腰白色，下体白染淡红色，胸棕色。雌鸟淡褐色无黑色，下体皮黄色，仅翼上具白斑。与黑喉石䳭相比嘴较粗宽，下体及两胁棕色较浅淡，下腹近白色。虹膜深褐色，嘴、脚黑色。

习性与分布：栖息于开阔的低山、丘陵、平原、草地、沼泽、田间、灌丛及旷野，在地面捕食昆虫、蚯蚓、蜘蛛及其他无脊椎动物，亦食少量植物种子和果实。分布于欧洲西部、南部、亚洲大部、非洲及附近的岛屿。国内广泛分布于东部地区，部分个体繁殖于东北地区，越冬于东南地区。原为黑喉石䳭的东北亚种。

东亚石䳭（黑喉石䳭） *Saxicola stejnegeri* Stejneger's Stonechat

体长 12~14cm　　常见的夏候鸟　　4 月上旬迁来，9 月下旬迁离　　NR(未认可)

雄鸟 / 孙晓明 摄

幼鸟 / 谷国强 摄

雌鸟 / 谷国强 摄

雄鸟 / 谷国强 摄

形态特征：雄鸟上体几乎纯蓝色，翼、尾近黑色，下体前蓝后栗红色。雌鸟上体蓝灰色，翅和尾黑色，下体棕白色，且羽上缀黑色波状斑。亚成鸟似雌鸟，但上体具黑白色鳞状斑纹。虹膜褐色，嘴、脚黑色。

习性与分布：夏季常栖息于低山峡谷、河流、湖泊附近岩石山地，也栖息于海滨附近有岩石的山林。主要食昆虫。分布于欧亚大陆、菲律宾、东南亚、马来半岛、苏门答腊岛及婆罗洲。全国各地可见，国内共 3 个亚种，分布在长山区的为华北亚种 *M.s.philippensis*。该亚种见于除新疆、西藏、宁夏、天津、湖南、湖北以外地区。柳明洙 2019 年 7 月 2 日曾见于延边。

蓝矶鸫　*Monticola solitarius*　**Blue Rock Thrush**

体长 20cm　　罕见的夏候鸟　　具体居留时间待考　　LC(无危)

雄鸟 / 马立明 摄

雄鸟 / 马立明 摄

雌鸟 / 谷国强 摄

形态特征：雄鸟头顶及肩部蓝色，头侧黑色，下体多橙栗色，喉、翼具白色斑块。雌鸟羽色暗淡，上体多为橄榄褐色，上、下体具黑色粗鳞状斑纹。虹膜褐色，嘴、脚黑色。

习性与分布：栖息于海拔800~1800m多岩石的针阔混交林和针叶林，常于树顶或岩石上长时间静立不动或高声鸣叫，主要食昆虫。繁殖于古北界东北部，越冬于中南部及东南亚，偶见于日本，国内见于东北、华北以及东部和南部沿海地区。

白喉矶鸫 *Monticola gularis* White-throated Rock Thrush

体长17~19cm　常见的夏候鸟　4月下旬至5月上旬迁来，9月下旬南迁　LC(无危)

马立明 摄

黄泉杰 摄

谷国强 摄

形态特征： 上体灰褐色，眼先深色，下体污白色，胸腹具清晰的深灰色纵纹，而乌鹟胸腹部具模糊的深褐色斑纹。翅较长，折合时翅尖接近尾端。虹膜黑褐色，嘴、脚黑色。

习性与分布： 栖息于山地混交林、针叶林、次生林，主要食昆虫。分布于俄罗斯东南、菲律宾、新几内亚、印度尼西亚，国内见于东北、华北、华东、华南地区和云南西北部。

灰纹鹟 *Muscicapa griseisticta* Grey-streaked Flycatcher

体长 13~15cm　不常见的夏候鸟　5 月中旬迁来，9 月中旬南迁　LC(无危)

谷国强 摄

形态特征：眼圈白色，颈部具白色半环，上体乌灰褐色，翅黑褐色，内侧飞羽具白色羽缘，下体污白色，胸和两胁纵纹模糊，尾黑褐色。虹膜黑褐色，嘴、脚黑色。

习性与分布：栖息于中低海拔的混交林、针叶林、次生林，主要在树冠中上层活动，觅食昆虫，迁徙时常在疏林、林缘活动。分布于俄罗斯东南、蒙古国、喜马拉雅山脉及东南亚，国内共3个亚种，分布在长白山区的为指名亚种 *M.s.sibirica*。该亚种广泛分布于东北、华北地区，陕西、云南东部、四川中部，东南部沿海地区。

谷国强 摄

乌鹟 *Muscicapa sibirica* Dark-sided Flycatcher

体长 12~14cm　　常见的夏候鸟　　5月中旬迁来，9月中旬南迁　　LC(无危)

陈毅 摄

谷国强 摄

柳明洙 摄

形态特征：眼周和眼先白色，上体灰褐色，翅暗褐色，大覆羽具窄的灰色端缘，三级飞羽具棕白色羽缘，**胸和两胁淡灰褐色，**下体灰白色，尾暗褐色。

习性与分布：栖息于中低海拔的阔叶林、针叶林、混交林，迁徙时常在次生林、林缘、城市公园活动。习性似乌鹟。分布于俄罗斯东南、蒙古、南亚、东南亚，国内共 2 个亚种，分布在长白山区的为指名亚种 *M.d.dauurica*。该亚种广泛分布于除山东、四川、重庆外的全国各地。

北灰鹟 ***Muscicapa dauurica*** **Asian Brown Flycatcher**

体长 13cm　　常见的夏候鸟　　5 月中旬迁来，9 月中旬南迁　　LC(无危)

左雌右雄 / 马立明 摄

雄鸟 / 张德松 摄

雌鸟 / 孙晓明 摄

形态特征：雄鸟眉纹白色，上体大部分黑色，翅上具白斑，腰、下体黄色。雌鸟上体大部分橄榄绿色，翅上亦具白斑，腰黄色，下体淡黄绿色。虹膜褐色，嘴黑色，脚灰色。

习性与分布：栖息于海拔 1200m 以下低山丘陵和山脚地带的混交林、针叶林、次生林，营巢于树洞，主要食昆虫。分布于俄罗斯东南、蒙古国、东亚、马来半岛、印度尼西亚。国内除新疆、西藏、宁夏外见于全国各地。

白眉姬鹟 *Ficedula zanthopygia* Yellow-rumped Flycatcher

体长 12~14cm　　常见的夏候鸟　　4 月中下旬至 5 月初迁来，9 月中下旬迁离　　LC(无危)

雄鸟 / 孙晓明 摄

雄鸟 / 孙晓明 摄

雌鸟 / 黄泉杰 摄

形态特征：雄鸟头、上体蓝黑色，眼后具白色眉斑，翅上具白色翼斑，下体锈红色，尾黑褐色，外侧尾羽基部白色，雌鸟白色眉纹淡，上体灰褐色，具两道浅色翼斑，颏至上腹淡棕黄色，其余下体白色。虹膜深褐色，嘴暗角质色，脚深褐色。

习性与分布：栖息于山地、平原湿润地带的针叶林、阔叶林和混交林，主要食昆虫。分布于西伯利亚、蒙古国、朝鲜半岛及东南亚。国内分布于东北、华北、华中、华东、华南地区及内蒙古、甘肃。

鸲姬鹟　*Ficedula mugimaki*　Mugimaki Flycatcher

体长 13~15cm　　常见的夏候鸟　　5 月中旬迁来，9 月中下旬迁离　　LC(无危)

雄鸟 / 王顺 摄

雌鸟 / 黄泉杰 摄

雄鸟 / 陈毅 摄

雌鸟 / 黄泉杰 摄

形态特征：雄鸟眼先、眼周白色，上体灰褐色，尾上覆羽和中央尾羽黑褐色，外侧尾羽褐色，基部白色，颏、喉繁殖期橙红色，胸淡灰色，其余下体白色，非繁殖期间颏、喉变为白色。雌鸟颏、喉白色，胸沾棕色。虹膜深褐色，嘴、脚黑色。

习性与分布：分布于欧亚大陆北部，越冬于南亚、东南亚，国内除新疆外见于全国各地，在长白山区主要栖息于海拔800~1100m低山丘陵和山脚平原地带的阔叶林、针叶林、混交林。

红喉姬鹟 *Ficedula albicilla* Taiga Flycatcher

体长 12~13cm　不常见的旅鸟　5月中旬和9月经过　LC(无危)

左雄右雌 / 杨晓涛 摄

雌鸟 / 谷国强 摄

雄鸟 / 秦建民 摄

雄鸟 / 王艳霞 摄

形态特征：雄鸟头、背至尾钴蓝色，喉部蓝黑色，腹部近白色，外侧尾羽基部白色。雌鸟上体灰褐色。虹膜褐色，嘴、脚黑色。

习性与分布：栖息于阔叶林和混交林，亦常见于公路两侧次生林缘，常在高枝长时间鸣叫，食夜蛾、叶甲、赤绒金龟等昆虫。分布于东北亚及越南、老挝、菲律宾、马来西亚、印度尼西亚。国内共 2 个亚种，分布在长白山区的为普通亚种 *C.c.intermedia*。该亚种雄鸟喉部深蓝色，顶钴蓝色，上体大都蓝色或青蓝色，广泛分布于黑龙江东部、吉林、辽宁、河北、山东、贵州、湖北、江苏、浙江、福建、广东、广西、海南、香港、台湾等地。

白腹蓝（姬）鹟 *Cyanoptily cyanomelana* **Blue-and-white Flycatcher**

体长 14~17cm　　常见的夏候鸟　　5 月上旬迁来，9 月中下旬南迁　　LC（无危）

戴菊科 Regulidae

孙晓明 摄　周树林 摄　周树林 摄　谷国强 摄

形态特征： 雄鸟上体橄榄绿色，头顶具菊花状黄色羽冠，中央橙黄色，羽冠两侧具黑色纵纹，翼上具两道白斑，下体近白色。雌鸟头顶明黄色，幼鸟似雌鸟。虹膜深褐色，嘴黑色，脚偏褐色。

习性与分布： 栖息于海拔800m以下的针叶林、混交林及疏林灌丛。性活跃，白天不停在树间活动，主要食昆虫，亦食植物种子，多营巢于云冷杉侧枝上。分布于古北界，从欧洲至西伯利亚及日本、包括中亚、喜马拉雅山脉。国内共5个亚种，分布在长白山区的为东北亚种 *R.r.japonensis*。该亚种广泛分布于东北、华北、华东地区和台湾。

戴菊　*Regulus regulus*　Goldcrest

体长9~10cm　不常见的旅鸟、留鸟　4月末5月初和10月末11月初经过　LC（无危）

太平鸟科 Bombycillidae

马立明 摄

马立明 摄

周树林 摄

周树林 摄

形态特征：颏喉黑色，贯眼纹从嘴基经眼至后枕，通体灰褐色，具栗色羽冠及白色翅斑，尾具黑色次端斑和黄色端斑。雄鸟非繁殖羽额头前栗色，后部灰栗色，羽冠明显，雌鸟色淡。雄鸟次级飞羽具明显红色蜡凸，初级飞翼外缘黄色，形成明显的黄色纵纹。雌鸟的黄色纵纹较淡。虹膜、嘴、脚黑褐色。

习性与分布：越冬于海拔 1100m 以下阔叶林、次生林或城市园林的大树上，集小群或大群活动，主要食蔷薇、忍冬等浆果。分布于全北界，国内分布于东北、华北、西北及华东地区。

太平鸟 *Bombycilla garrulus* **Bohemian Waxwing**

体长 19~23cm　常见的冬候鸟、旅鸟　10 月中旬迁来，4 月中旬北迁　LC（无危）

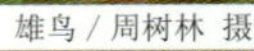
雄鸟 / 周树林 摄

雄鸟 / 周树林 摄

雌鸟 / 马立明 摄

形态特征：与太平鸟相似，但稍小，尾部具红色端斑，大覆羽末端红色，过眼纹粗，羽冠下部亦为黑色。雄鸟初级飞羽外缘白色，形成数条白色横纹。雌鸟初级飞羽外缘白色，形成一道白色纵纹。虹膜、嘴、脚黑褐色。

习性与分布：习性同太平鸟，常与太平鸟混群，分布于东北亚，国内分布于除西北、西藏以外地区。

小太平鸟 *Bombycilla japonica* Japanese Waxwing

体长 16~17cm　常见的冬候鸟、旅鸟　10 月中旬迁来，4 月中旬至 5 月上旬北迁　NT（近危）

岩鹨科 Prunellidae

姜权 摄

姜权 摄

孙晓明 摄

形态特征：喉具黑白相间横斑，头、颈、上背、胸灰褐色，其余体羽黄褐色。翅黑褐色，覆羽具两道白色羽斑，腰和尾上覆羽棕栗色，尾黑色具白色端斑。虹膜红褐色；嘴近黑色，下嘴基黄色；脚红褐色。

习性与分布：栖息于海拔 2000m 以上高山石砾较多山坡苔原带，系高山带特有种。主要食昆虫，亦食植物茎叶和种子。国内共 6 个亚种，分布在长白山区的为东北亚种 *P.c.erythropygia*。该亚种头、颈、上背、胸灰褐色较暗，背、腰和尾上覆羽的赤褐色较多，两胁深赤褐，具宽阔白纹，白色羽缘较宽，广泛分布于东北、华北地区及陕西南部、湖北、四川、重庆。

领岩鹨　*Prunella collaris*　**Alpine Accentor**

体长 15~18cm　　不常见的夏候鸟　　5 月中旬迁来，10 月上旬南迁　　LC(无危)

谷国强 摄

谷国强 摄

形态特征：头顶黑褐色，宽大的皮黄色眉纹从额基向后延至枕部，黑色宽阔贯眼纹延至颈部，喉和颈侧及胸黄褐色，腹部及尾下覆羽淡黄色，背部栗红色，具暗褐色纵纹，腰及尾上覆羽灰褐色，飞羽深褐色，羽缘栗色，具两道白色翼斑，尾羽端部灰褐色而基部黑色。虹膜黄色，嘴角质色，脚暗黄色。

习性与分布：栖息于海拔600m以下低山丘陵、山脚平原地带的林缘、河谷、灌丛、疏林、农田等生境。主要食昆虫，亦食草籽、浆果。分布于欧洲东北部、俄罗斯北部、西伯利亚和朝鲜半岛。国内分布于东北、华北、华东地区及四川、青海、甘肃、宁夏、新疆、陕西。

棕眉山岩鹨 *Prunella montanella* **Siberian Accentor**

体长 15~16cm　　不常见的旅鸟　　3月末4月初和10月中下旬经过　　LC(无危)

雀科 Passeridae

贾晓刚 摄

马立明 摄

周树林 摄

周树林 摄

周树林 摄

形态特征： 额、头顶至后颈栗褐色，颈背具白色领环，脸颊白色，耳部具黑斑，背沙褐色具黑色纵纹，颏喉黑色，下体污白色。虹膜深褐色；嘴黑色，亚成鸟嘴基部黄色；脚粉褐色。

习性与分布： 栖息于城市和乡村与人共处的环境。性嘈杂，杂食性，觅食于地面或灌丛，营巢于屋檐下墙缝或树洞。分布于欧洲、中东、中亚、东亚、喜马拉雅山脉和东南亚。国内各地可见，共 7 个亚种，分布在长白山区的为指名亚种 *P.m.montanus*。该亚种见于黑龙江、吉林东部、辽宁东南部、内蒙古东北部，嘴较小，羽色较暗，背黄褐色，腰橄榄褐色。

麻雀（树麻雀） *Passer montanus* **Eurasian Tree Sparrow**

体长 14~16cm　　最常见的留鸟　　LC(无危)

鹡鸰科 Motacillidae

形态特征：眉纹白色，上体灰褐色，翅上具两道明显的白横斑，下体白色，胸具两道黑色横带，外侧尾羽白色。虹膜红褐色；嘴角质褐色，下嘴较淡；脚偏粉色。

习性与分布：栖息于海拔800m以下低山丘陵地带的山地森林，尤其是次生阔叶林，营巢于树上，常沿树枝来回行走或于地面行走，尾不停地左右摆动。分布于印度、东亚和东南亚。国内分布于除西藏、新疆外地区。

关克 摄

山鹡鸰 *Dendronanthus indicus* Forest Wagtail

体长 16~18cm　不常见的夏候鸟　4月下旬至5月初迁来，9月中旬迁离　LC(无危)

黄鹡鸰东北亚种 / 孙晓明 摄

黄鹡鸰东北亚种 / 关克 摄

极北亚种 / 周树林 摄

台湾亚种 / 周树林 摄

东北亚种 / 孙晓明 摄

形态特征: 眉纹黄色或黄白色，头顶蓝灰色或暗色，上体橄榄绿色或灰色，飞羽黑褐色，具两道白色或黄白色横斑，下体黄色，尾黑褐色，最外侧两对白色。虹膜、嘴褐色，脚黑褐色。

习性与分布: 栖息于低山丘陵、平原，常在水域岸边活动。食鞘翅目昆虫、蚂蚁及植物种子、茎叶。分布于欧亚大陆、非洲、大洋洲及北美洲西部，国内共 7 个亚种，有 3 个亚种分布在长白山区，台湾亚种 *M.t.taivana* 见于我国东部地区，头顶与背均橄榄绿色，眉纹鲜黄色，有时近白，头顶非白色或黑色；东北亚种 *M.t.macronyx* 见于除新疆、青海以外地区，无眉纹，耳羽暗灰色，背较绿或呈橄榄绿色；极北亚种 *M.t.plexa* 头灰色，眉纹很浅或无，见于黑龙江、内蒙古东北部、四川、湖北，在长白山区属旅鸟，编者见于白山市浑江边。

黄鹡鸰　*Motacilla tschutschensis*　Eastern Yellow Wagtail

体长 16~18cm　　常见的夏候鸟、旅鸟　　4 月初迁来，9 月末 10 月初迁离　　LC(无危)

雄鸟 / 周树林 摄

雄鸟 / 周树林 摄

雌鸟 / 姜权 摄

雌鸟 / 周树林 摄

形态特征：眉纹白色，上体暗灰色，黑褐色飞羽具白斑，中央尾羽黑褐色，外侧一对尾羽白色，下体黄色。雄鸟颏、喉繁殖期黑色，非繁殖期白色，雌鸟均为白色。虹膜褐色，嘴黑褐色，脚粉灰色。

习性与分布：繁殖期多见于中低海拔山区的水域岸边，营巢于河岸附近土坑、石缝、石崖台阶、倒木树洞，非繁殖期见于各种近水生境，在地面上走动时常上下摆尾。

灰鹡鸰 *Motacilla cinerea* **Gray Wagtail**

体长 16~18cm　常见的夏候鸟　4 月中旬迁来，8 月下旬 9 月上旬迁离　LC(无危)

白鹡鸰普通亚种雌鸟 / 周树林 摄

白鹡鸰普通亚种亚成鸟 / 周树林 摄

白鹡鸰普通亚种雄鸟 / 周树林 摄

白鹡鸰黑背眼纹亚种 / 韩先辉 摄

白鹡鸰黑背眼纹亚种 / 孙晓明 摄

东北亚种雌鸟 / 周树林 摄

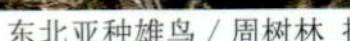

东北亚种雄鸟 / 周树林 摄

灰背眼纹亚种 / 周树林 摄

灰背眼纹亚种 / 周树林 摄

形态特征：前额、颊白色，颏、喉白色或黑色，头顶和后颈黑色，胸黑色，背、肩黑色或灰色，两翅黑色具白色翅斑，下体白色。虹膜深褐色，嘴、脚黑色。

习性与分布：分布于欧亚大陆及非洲。国内共 7 个亚种。有 4 个亚种分布在长白山区：①东北亚种 *M.a.baicalensis* 见于新疆以外地区，喉白，无黑色贯眼纹；②灰背眼纹亚种 *M.a.ocularis* 见于西藏以外地区，有黑色贯眼纹，头顶至颈、背灰色；③普通亚种 *M.a.leucopsis* 见于全国各地，头和颈两侧白色，无眉纹，颏白，喉或白或黑；④黑背眼纹亚种 *M.a.lugens* 见于东北、华北、华东地区及福建、广东、台湾，有贯眼纹，头顶至腰均黑色。

白鹡鸰 *Motacilla alba* **White Wagtail**

体长 17~20cm　　常见的夏候鸟　　3 月下旬迁来，10 月下旬迁离　　LC(无危)

张国强 摄

孙晓明 摄

张国强 摄

形态特征：眉纹皮黄白色，上体黄褐色或棕黄色，头顶和背具暗褐色纵纹，下体白色或皮黄白色，头两侧、胸具暗褐色纵纹，后爪长。虹膜褐色；上嘴黑褐色，下嘴基粉红色；脚粉红色。

习性与分布：栖息于开阔原野、牧场、农田。分布于俄罗斯、南亚及东南亚。国内共 3 个亚种，分布在长白山区的为东北亚种 *A.r.richardi*。该亚种广泛分布于西藏、台湾以外地区，上体底色较棕，下体近白色，胸部赤棕并具粗著黑纹，翅长居中，后爪一般 1.5cm 以上。

田鹨（理氏鹨）　*Anthus richardi*　Richard's Pipit

体长 17~18cm　　常见的夏候鸟　　4 月下旬迁来，10 月下旬迁离　　LC(无危)

周树林 摄

周树林 摄

周树林 摄

周树林 摄

形态特征：眉纹皮黄色，耳后具白斑，上体橄榄绿色具褐色纵纹，下体灰白色，胸具黑褐色纵纹。虹膜褐色；上嘴褐色，下嘴粉红色；脚偏粉红色。

习性与分布：繁殖期多生活于海拔1000m以上的中高山地带，繁殖后期及迁徙季多下到低山丘陵地带生活，常栖息于次生林缘、道旁、荒漠地带的高山苔原上，营地面巢于林缘、林间空地、高山岳桦林草丛。分布于俄罗斯、南亚、东南亚、东北亚及蒙古国。国内共2个亚种，分布在长白山区的为东北亚种 *A.h.yunnanensis*。该亚种广泛分布于除山西、西藏以外地区，上体浓橄榄绿色，纵纹不显。

树鹨 *Anthus hodgsoni* **Olive-backed Pipit**

体长 15~17cm　　常见的夏候鸟　　4月下旬迁来，9月末10月初迁离　　LC(无危)

亚成鸟 / 周树林 摄

雌鸟 / 周树林 摄

雄鸟 / 周树林 摄

雌鸟 / 周树林 摄

形态特征：繁殖期颏、喉、胸粉红色，上体橄榄灰褐色，具浓重的黑褐色纵纹，下体黄褐色，下胸和两胁具黑褐色纵纹。非繁殖期上体黄褐色或棕褐色具黑色纹。虹膜褐色；嘴角质色，基部黄色；脚肉色。

习性与分布：栖息于水域及其附近的草地、林地、农田，多成对活动，在地上觅食。分布于欧亚大陆北部、南亚、东南亚、非洲。国内见于除宁夏、青海、西藏以外地区。

红喉鹨　*Anthus cervinus*　Red-throated Pipit

体长 14~15cm　常见的旅鸟　4 月下旬和 10 月中旬经过　LC(无危)

周树林 摄

周树林 摄

周树林 摄

形态特征： 眉纹短，颈侧具显著的黑斑，上体灰色具淡黑色条纹，翅有两条白色翼带，飞羽羽缘白色，下体白色具黑褐色纵纹，尾黑褐色，繁殖羽下体皮黄色。虹膜褐色；嘴角质色，下嘴偏粉色；脚暗黄色。

习性与分布： 栖息于高山草地、湿地生境。分布于俄罗斯东部、东亚、喜马拉雅山脉及北美洲。国内分布于除宁夏、青海、西藏以外全国各地。在长江以北地区为旅鸟，长江以南各地包括台湾为冬候鸟。

黄腹鹨 *Anthus rubescens* **Buff-bellied Pipit**

体长 14~17cm　　不常见的旅鸟　　4月下旬和10月中旬经过　　LC(无危)

燕雀科 Fringillidae

雄鸟 / 孙晓明 摄

雌鸟 / 孙晓明 摄

雄鸟 /VEER 提供

形态特征：具醒目的白色肩块及翼斑。繁殖期雄鸟顶冠及颈背灰色，上背栗色，脸及胸偏粉色。雌鸟及幼鸟色暗而多灰色。与燕雀的区别在腰偏绿，肩纹较白。虹膜褐色，嘴雄鸟灰色而雌鸟角质色，脚粉褐色。

习性与分布：鸣声悦耳，分布于欧洲、北非至西亚。繁殖于欧洲北部，从斯堪的纳维亚半岛、科拉半岛、俄罗斯北部往东经西伯利亚和黑龙江下游。越冬在欧洲南部、地中海、北非，往东经意大利、希腊、小亚细亚、中东、印度北部、朝鲜、日本、萨哈林岛。国内主要分布于东北、华北地区以及新疆和云南。主要食植物种子、浆果，繁殖期间则主要食昆虫。

苍头燕雀 *Fringilla coelebs* Common Chaffinch

体长 15~16cm　　不常见的旅鸟　　春秋迁徙季节经过　　LC（无危）

雄鸟 / 李久富 摄

雄鸟 / 周树林 摄

雄鸟 / 孙晓明 摄

雌鸟 / 孙晓明 摄

雌鸟 / 蔡福禄 摄

形态特征： 雄鸟繁殖期从头至背黑色，背具棕黄色羽缘，胸、肩棕色，腰、腹白色，雌鸟似非繁殖期雄鸟，体色较淡，头部为褐色，头顶和枕具黑色羽缘，颈侧灰色。虹膜褐色，嘴黄色而端黑色，脚粉褐色。

习性与分布： 繁殖期栖息于森林，迁徙和越冬于疏林、次生林和农田。繁殖于古北界北部，越冬于古北界南部。国内见于除宁夏、西藏、青海、海南以外地区。

燕雀 *Fringilla montifringilla* Brambling

体长 12~14cm　常见的旅鸟　3 月末至 4 月中旬和 9 月末至 10 月经过　LC（无危）

雌鸟 / 孙晓明 摄

雄鸟 / 孙晓明 摄

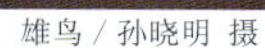

雌鸟 / 周树林 摄

雄鸟 / 周树林 摄

形态特征：头皮黄色，喉具黑色斑块，背棕褐色，颈部具灰色领环，两翅和尾蓝黑闪辉，翅上具大块白斑，尾上覆羽棕黄色，下体棕褐色。虹膜褐色，嘴角质色，脚粉褐色。

习性与分布：栖息于低山、丘陵和平原地带的阔叶林、混交林和次生林。非繁殖期见于公园、果园和次生林。非繁殖期食树木、农作物及杂草种子，繁殖期主要食昆虫。分布于欧亚大陆的温带区，国内共 2 个亚种，分布在长白山区的为指名亚种 *C.c.coccothraustes* 。该亚种广泛分布于除西藏、云南、海南以外地区，羽色相对较深。

锡嘴雀 *Coccothraustes coccothraustes* **Hawfinch**

体长 17~19.5cm　常见的留鸟　LC（无危）

亚成鸟 / 马立明 摄

雌鸟 / 柳明洙 摄

雄鸟 / 周树林 摄

雄鸟 / 孙晓明 摄

形态特征： 嘴黄色而粗大，端黑色，雄鸟头黑色闪辉，背、肩灰褐色，腰、尾上覆羽浅灰色，两翅和尾黑色，初级覆羽和外侧飞羽具白色端斑，颏和上喉黑色，其余下体灰褐色，腰和尾下覆羽白色，两胁棕色。雌鸟头部灰褐色，飞羽端部黑色。虹膜褐色，脚粉褐色。

习性与分布： 习性同锡嘴雀。分布于西伯利亚东部、朝鲜、日本南部。国内共 2 个亚种，分布在长白山区的为指名亚种 *E.m.migratoria*。该亚种见于除宁夏、新疆、西藏、青海、海南以外地区。

黑尾蜡嘴雀 *Eophona migratoria* **Chinese Grosbeak**

体长 17.5~19.4cm　　不常见的夏候鸟　　4 月中旬迁来，10 月中旬迁离　　LC（无危）

形态特征：与黑尾蜡嘴相似，区别在于体型大，嘴端无黑色，头部黑色区域小，中止于眼后。虹膜深褐色，嘴黄色，脚粉褐色。

习性与分布：习性同黑尾蜡嘴雀。繁殖于西伯利亚东部、朝鲜和日本，越冬于中国南方。国内共 2 个亚种，分布在长白山区的为东北亚种 *E.p.magnirostris*。该亚种体型较大，繁殖于长白山和小兴安岭，迁徙经华东至华南越冬。

谷国强 摄

黑头蜡嘴雀 *Eophona personata* Japanese Grosbeak

体长 21~24cm　常见的夏候鸟　4 月上旬迁来，10 月中旬迁离　LC（无危）

雌鸟 / 马立明 摄

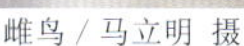

雄鸟 / 马立明 摄

雌鸟 / 马立明 摄

形态特征：雄鸟上体、头、腰玫瑰红色，眼先黑色，其余上体暗灰色，具白色羽干和红色羽缘，两翅和尾黑色，翅上具两道翼斑，下体红色，腹部至尾下覆羽白色。雌鸟粉色为棕黄色所替代。虹膜深褐色，嘴黑色，脚深褐色。

习性与分布：栖息于北极泰加林周围的针叶林和针阔混交林，繁殖于北美、欧洲和亚洲的针叶林，越冬时部分迁至我国东北地区。国内共 2 个亚种，分布在长白山区的为堪察加亚种 *P.e.kamtschatkensis*。该亚种嘴型粗厚，上嘴基部膨大，长度不及 1.5cm，见于黑龙江东部和南部、吉林、辽宁。

松雀 *Pinicola enucleator* Pine Grosbeak

体长 19~22cm　罕见的冬候鸟　10 月迁来，3 月下旬迁离　LC（无危）

原红腹灰雀指名亚种 *P.p.pyrrhula* 雄鸟 / 邢睿 摄

原红腹灰雀指名亚种 *P.p.pyrrhula* 雌鸟 / 邢睿 摄

原红腹灰雀东北亚种 *P.p.cassini* 左雄右雌 / 柳明洙 摄

原灰腹灰雀指名亚种 *P.p.griseiventris* 雄鸟 / 邢新国 摄

原灰腹灰雀指名亚种 *P.p.griseiventris* 雌鸟 / 邢睿 摄

原灰腹灰雀东北亚种 *P.p.cineracea*/ 周树林 摄

原灰腹灰雀东北亚种 *P.p.cineracea*/ 韩正军 摄

形态特征： 雄鸟顶冠、眼罩、颏蓝黑闪辉，脸侧、喉粉红或灰色，胸腹酒红、淡粉或灰色，背棕或灰色。翅黑色具大块翼斑，尾黑色，腰和尾下覆羽白色。雌鸟似雄鸟，雄鸟的粉红色被雌鸟的暖褐色代替。虹膜褐色，嘴黑色，脚黑褐色。

习性分布： 栖息于海拔 800~1500m 的针叶林、混交林、人工林和城市公园。分布于欧亚大陆的温带区，哈萨克斯坦、蒙古国、西伯利亚、俄罗斯远东地区、日本、朝鲜半岛。国内共 4 个亚种，在长白山区均有分布，① *P.p.pyrrhula*（原红腹灰雀指名亚种）雄鸟脸颊、喉、胸、腹部均为深粉红色，雌鸟大翼羽端部的翼斑灰色，黑色部分与雄鸟相同，雄鸟灰色和粉红色部位在雌鸟为灰褐色，见于东北、华北北部和新疆。② *P.p.cassini*（原红腹灰雀东北亚种）似 *P.p.pyrrhula*，但雄鸟脸颊、喉、胸、腹颜色较浅，上背浅灰色偶沾淡粉色，翼斑纯白色，雌鸟与 *P.p.pyrrhula* 雌鸟酷似，见于东北和河北。*P.p.pyrrhula*、*P.p.cassini* 两个亚种在长白山区为冬候鸟。③ *P.p.griseiventris*（原灰腹灰雀的指名亚种）雄鸟脸颊、耳羽和喉粉红色，胸、腹灰色或稍沾粉色，见于东北、河北、新疆；④ *P.p.cineracea*（原灰腹灰雀的东北亚种）全身无粉红色，见于东北、内蒙东北部、新疆。*P.p.griseiventris*、*P.p.cineracea* 在长白山区为冬候鸟、部分留鸟。关于该鸟种亚种的形态特征及居留分布情况，学界尚存分歧，本书主要参考了高玮、张正旺、刘阳等学者的观点。

红腹灰雀 *Pyrrhula pyrrhula* **Eurasian Bullfinch**

体长 15.5~18cm　　不常见的冬候鸟、留鸟　　10 月下旬迁来，3 月中旬迁离　　（无危）

孙晓明 摄

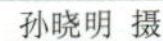

王顺 摄

孙晓明 摄

形态特征: 雄鸟头前、眼先、颊灰色，枕和上背棕色，两翼近黑色而羽缘粉红色，尾黑而羽缘白，下体灰黑色，两胁和腹粘粉色。雌鸟较雄鸟色暗，通体粉红色少而不显著，两翼的粉红色仅限于覆羽。虹膜褐色，嘴黄色而端黑色，脚黑色。

习性与分布: 栖息于林线以上的山顶、苔原、灌丛、裸岩山坡等生境，分布于东北亚、从阿尔泰山至西伯利亚、日本、朝鲜半岛。国内共 2 个亚种，分布在长白山区的为东北亚种 *L.a.brunneomucha*。该亚种翅羽具玫瑰红色羽缘，繁殖于东北北部，越冬于东北大部分地区、华北北部。

粉红腹岭雀 *Leucosticte arctoa* **Asian Rosy Finch**

体长 16cm　　罕见的冬候鸟　　10 月下旬迁来，3 月 ~ 4 月迁离　　LC（无危）

左雌右雄 / 孙晓明 摄

雄鸟 / 周树林 摄

雌鸟 / 姜权 摄

形态特征： 繁殖期雄鸟脸颊、颏、喉、颈侧深红色，眉纹和眼下霜白色，胸、上腹粉红色，额和颈背苍白色，上背褐色粘粉色，翅上具两道宽阔白翼斑。雌鸟总体褐色，具深色纵纹，胸及腰棕色。虹膜褐色，嘴黄褐色，脚灰褐色。

习性与分布： 主要栖息于低山、丘陵、山谷和溪流岸边的灌丛生境，也见于公园、果园。主要食草籽，营巢于乔木或灌木树杈。分布于西伯利亚南部、哈萨克斯坦、朝鲜半岛及日本，国内共有 4 个亚种。分布在长白山区的为东北亚种 *C.s.ussuriensis*。该亚种体羽较暗，雄鸟暗红色，翅上白斑较小，见于黑龙江东部和南部、吉林、辽宁、北京、河北北部、河南、山东、内蒙古中部。

长尾雀　*Carpodacus sibiricus*　**Long-tailed Rosefinsh**

体长 14~16cm　　常见的留鸟　　LC（无危）

雄鸟 / 孙晓明 摄

雌鸟 / 孙晓明 摄

雄鸟 / 孙晓明 摄

形态特征：雄鸟头部至后颈亮红色，上背暗褐色，下背至腰暗红色，尾羽暗褐色，羽缘红棕色，颏、喉和胸部暗红色。雌鸟头部橄榄褐色，背部黄绿灰色，下体黄白色，全体缺乏红色。虹膜深褐色，嘴灰色，脚灰黑色。

习性与分布：多栖息于海拔 500~900m 的荒山、河谷和灌丛，主要食草籽，繁殖期亦食昆虫。繁殖于欧亚北部及中亚的高山、喜马拉雅山脉，越冬于印度、中南半岛北部。国内共 2 个亚种，分布在长白山区的为东北亚种 *C.e.grebnitskii*。该亚种广泛分布于东北、华北、华中、华东地区。

普通朱雀 *Carpodacus erythrinus* Common Rosefinsh

体长 14~17cm　不常见的夏候鸟　3 月下旬迁来，10 月下旬迁离　LC（无危）

雌鸟 / 綦梅 摄

雌鸟 / 蔡福禄 摄

雄鸟 / 蔡福禄 摄

形态特征：雄鸟头、上背及下体绯红色，额、颏、喉银白色，腰和尾上覆羽粉红色，翅上具两道粉白色翼斑。雌鸟体羽色暗，具深色纵纹，额及腰粉色，喉、胸沾粉色。虹膜褐色，嘴近灰色，脚褐色。

习性与分布：分布于西伯利亚东部至蒙古国北部，越冬于日本、朝鲜半岛及哈萨克斯坦东北部。国内分布于华中、华北和东北地区。

北朱雀 *Carpodacus roseus* Pallas's Rosefinch

体长 15~17cm　常见的冬候鸟　10 月下旬迁来，3 月下旬迁离　国家二级重点保护野生动物　LC（无危）

雄鸟 / 蔡福禄 摄

雌鸟 / 马立明 摄

雄鸟 / 周树林 摄

雌鸟 / 蔡福禄 摄

形态特征：具宽阔的黄色翼斑。雄鸟顶冠及颈部灰色，背纯褐色，外侧尾羽基部及臀部黄色。雌鸟色暗，幼鸟色淡且多纵纹。虹膜栗褐色，嘴、脚粉褐色。

习性与分布：主要栖息于海拔 1500m 以下的低山丘陵、山脚平原地带的疏林地，高可至海拔 2400m 以上。主要食草籽。分布于西伯利亚东南部、库页岛、蒙古国、朝鲜半岛、日本、越南。国内广泛分布于东部、中部和华南地区。我国共 3 个亚种，分布在长山区的为乌苏里亚种 *C.s.ussuriensis*。该亚种见于东北、内蒙古东北部、河北北部。

金翅雀 *Chloris sinica* Grey-capped Greenfinch

体长 12~14cm　　常见的留鸟　　LC（无危）

雄鸟 / 伯雪冬 摄

雌鸟 / 周树林 摄

雄鸟 / 周树林 摄

雌鸟 / 周树林 摄

形态特征： 雄鸟前额、眼先、颏黑色，头顶朱红色，上体褐色，具黑色纵纹，喉、胸粉色，腹部白色。雌鸟喉、胸无粉色。虹膜褐色，嘴黄色，脚黑褐色。

习性与分布： 栖息于海拔 850m 以下的低山、山脚、荒山、灌丛、林缘、田野，多见于草地和谷子地，主要食草籽，尤喜食苏子，故又称苏雀。分布于全北界北部，引种至新西兰。国内见于西北部的天山经内蒙古、东北各地至山东、江苏。

白腰朱顶雀 *Acanthis flammea* Common Redpoll

体长 13~14cm　常见的冬候鸟　10 月下旬迁来，3 月下旬北迁　LC（无危）

雌鸟 / 谷国强 摄

雄鸟 / 谷国强 摄

雄鸟 / 谷国强 摄

形态特征： 上下嘴端交错。雄鸟通体朱红色，两翅和尾黑色，雌鸟无红色而为橄榄绿色，虹膜深褐色，嘴褐色，脚近黑色。

习性与分布： 栖息于山地针叶林、阔叶林和混交林，最高海拔可达 5000m。分布于全北界及东南亚的温带针叶林。主要食落叶松子，用嘴嗑开松子，倒挂进食。国内共 4 个亚种，分布在长白山区的为东北亚种 *L.c.japonica*。该亚种体色较淡，雄鸟灰红色，雌鸟灰黄色，繁殖于中国东北至江苏的丘陵地带，越冬于陕西南部、河南、山东及江苏。

红交嘴雀 *Loxia curvirostra* **Red Crossbill**

东北亚种体长 15~17cm　　不常见的留鸟　　国家二级重点保护野生动物　　LC（无危）

雌鸟 / 王德玉 摄

左雄右雌 / 李久富 摄

形态特征：上下嘴端交错，甚似红交嘴雀，但本种的体型较小而细，头拱圆，具两道醒目的白色翼斑，且三级飞羽羽端白色。雌鸟似雄鸟，但体色暗，橄榄黄色且腰黄色。虹膜深褐色，嘴黑色，脚黑褐色。

习性与分布：生活习性与红交嘴雀相似，主要栖息于海拔 1100m 以上的中高山区，食落叶松、红松和云杉种子。分布于北美洲及欧亚大陆的温带森林。国内见于黑龙江、吉林、辽宁、河北北部、北京、内蒙古东北部。

白翅交嘴雀　*Loxia leucoptera*　**White-winged Crossbill**

体长 15~17cm　　罕见的旅鸟、冬候鸟　　10 月下旬迁来，3 至 4 月迁离　　LC（无危）

雌鸟 / 马立明 摄

雄鸟 /VEER 提供

雌鸟 / 周树林 摄

雄鸟 / 周树林 摄

形态特征: 雄鸟的顶冠及颏黑色，头侧、腰及尾基部亮黄色，翼上具醒目黑色及黄色条纹。雌鸟色暗而多纵纹，头冠和颏无黑色，幼鸟似雌鸟，但褐色较重，翼斑多橘黄色。虹膜深褐色，嘴偏粉色，脚近黑色。

习性与分布: 繁殖期栖息于针叶林、混交林，成对活动，食昆虫和草籽。其他季节集大群，栖息于低山丘陵和山脚平原。不连贯地分布于欧洲、中东及东亚。国内除宁夏、西藏、云南外见于全国各地。

黄雀 *Spinus spinus* **Eurasian Siskin**

体长 11~12cm　　常见的夏候鸟、旅鸟　　5月上旬迁来，10月中旬迁离　　LC（无危）

铁爪鹀科 Calcariidae

雄鸟繁殖羽 /VEER 提供

雌鸟 /VEER 提供

形态特征： 繁殖期雄鸟脸、喉、胸黑色，颈背棕色，头侧具白色“之”字行图文。繁殖期雌鸟颈背及大覆羽边缘棕色，侧冠纹略黑色。虹膜栗褐色，嘴黄色而端色深，脚深褐色。

习性与分布： 繁殖于开阔的北极苔原冻土带，冬季或迁徙季栖息于海拔 800m 以下低山开阔平原、草地、灌丛、沼泽、田野等生境，食草籽，不甚畏人。国内分布于东北、华北、西北地区及四川、湖南、湖北、江苏、上海、台湾。

铁爪鹀　*Calcarius lapponicus*　**Lapland Longspur**

体长 14~18cm　不常见的冬候鸟　11 月中旬迁来，3 月中旬迁离　LC（无危）

非繁殖羽 /VEER 提供

VEER 提供

形态特征： 雄鸟繁殖羽背部、翅尖、三级飞羽和中央尾羽黑色，其余白色，对比鲜明；冬羽头顶、耳缘、胸侧为栗黄色，背、肩黑色，羽缘灰黄色，常形成黑色纵纹，腰和下体白色。雌鸟羽色对比不强烈，头顶、脸颊及颈背具近灰色纵纹，胸具棕褐色纵纹。虹膜褐色，嘴夏季黑色、冬季黄色而尖端黑色，脚黑色。

习性与分布： 繁殖期栖息于开阔的北极苔原和湿地草原、海岸、河岸、山崖等生境，迁徙季和冬季栖息于低山丘陵和山脚平原地带的灌丛草地。越冬于我国黑龙江、吉林东部、新疆西部，偶见于河北、江苏和台湾。冬季常集群取食地面草籽。据赵正阶记载长白山区的安图、汪清有分布，近年鲜有见到。

雪鹀　*Snow Bunting*　**Plectrophenax nivalis**

体长 15~18cm　罕见的冬候鸟　10 月飞来，3 月离开　LC（无危）

鹀科 Emberizidae

雄鸟 / 洪庆荣 摄

雄鸟 / 洪庆荣 摄

雄鸟 / 谷国强 摄

雌鸟 / 韩大军 摄

形态特征: 雄鸟繁殖期具白色中央冠纹和黑色侧冠纹，耳羽中间白边缘黑，颏、喉及眉纹栗色，肩和背红褐色具黑褐色纵纹，胸、胁栗红色，胸和喉之间具一道半月形白斑，下体余部白色。雄鸟非繁殖羽头、胸白斑不明显。雌鸟头、胸部无白色，喉米黄色，全身多皱纹。虹膜、上嘴黑褐色，下嘴角黄色，脚肉色。

习性与分布: 栖息于海拔 800m 以下低山和山脚平原等开阔地带，常于林间空地、灌丛、疏林、草坡、果园、农田觅食，食草籽、谷子，亦食昆虫。主要分布于西伯利亚的泰加林。国内共 2 个亚种，分布在长白山区的为指名亚种 *E.l.leucocephalos*。该亚种头顶黑带较窄，栗色较淡，广泛分布于东北、华北、西北地区及湖南、江苏、台湾。关于白头鹀的居留情况，郑光美、张正旺等认为在长白山区是冬候鸟，刘阳认为是夏候鸟，傅桐生、高玮、赵正阶认为是旅鸟，编者更倾向于旅鸟的认定，有待考证。

白头鹀 *Emberiza leucocephalos* Pine Bunting

体长 17~18cm　　罕见的旅鸟　　4 月和 10 月经过　　LC（无危）

雌鸟 / 谷国强 摄

雄鸟 / 谷国强 摄

雄鸟 / 韩大军 摄

雄鸟 / 王顺 摄

形态特征：雄鸟具醒目的白色眉纹，眼下具白色横带，贯眼纹和髭纹黑褐色，颏、喉白色，胸具浓郁栗红色。雌鸟胸部淡棕褐色，皮黄色替代了雄鸟的白色部位。虹膜深褐色；上嘴色深，下嘴蓝灰色而端黑；脚粉褐色。

习性与分布：栖息于海拔 700~1100m 的低山丘陵、平原的次生阔叶林、林缘、疏林灌丛及农田，冬季至较低的平原地区。分布于西伯利亚南部，东至日本。国内共 4 个亚种，分布在长白山区的为东北亚种 *E.c.weigoldi*。该亚种见于我国东北大部分地区，颜色鲜艳且栗色较重。

三道眉草鹀 *Emberiza cioides* Meadow Bunting

体长 15~17cm　　常见的留鸟　　LC（无危）

左雄右雌 / 张国才 摄

雌鸟 / 张国才 摄

雄鸟 / 张国才 摄

雌鸟 / 张国才 摄

育雏 / 张国才 摄

形态特征: 头顶至背棕色，具白色眉纹和深褐色下髭纹，贯眼纹黑褐色，眼先黑色，肩、背部具黑色纵纹，腰至尾上覆羽砖红色，下体灰白色且中央具深栗色斑块，雌雄相似，区别在于雌鸟羽色淡，下腹栗色斑点小，胸部具纵斑。虹膜深褐色；上嘴黑褐色，下嘴蓝灰色；脚偏粉色。

习性与分布: 栖息于海拔 800m 以下的山脚和开阔平原、疏林、灌丛和草丛，尤喜干旱草原和荒漠沙地次生山杏灌丛，营巢于山坡草丛或小灌木上，食杂草籽，繁殖期食鳞翅目、鞘翅目等昆虫。分布于朝鲜、西伯利亚东南部，国内分布于黑龙江南部，吉林、辽宁、北京、河北东北部、内蒙古东南部。据傅桐生、赵正阶、高玮记载，长白山区在安图、敦化、和龙、珲春有繁殖记录。近年鲜有人见到。

栗斑腹鹀 *Emberiza jankowskii* Jankowski's Bunting

体长 15~16cm　罕见的夏候鸟　3 月中下旬迁来，9 月 下旬迁离　国家一级重点保护野生动物　EN(濒危)

雌鸟 / 韩大军 摄

雌鸟 / 谷国强 摄

雄鸟 / 谷国强 摄

形态特征： 雄鸟头黑色，具白色中央冠纹及宽阔的眉纹和髭纹，背、肩栗褐色具黑色纵纹，腰和尾上覆羽栗色或栗红色。颏、喉黑色，胸部栗色，其余下体白色，两胁具栗色纵纹。雌鸟头栗色，颏、喉白色，髭纹黑色。虹膜深栗褐色；上嘴蓝灰色，下嘴偏粉色；脚浅褐色。

习性与分布： 栖息于海拔 1100m 以下低山丘陵针阔混交林和阔叶林，繁殖期每天多数时间在树上鸣唱不停。营巢于林下灌丛和草丛。主要食鳞翅目昆虫，亦食草籽及浆果。分布于西伯利亚附近地区，偶尔见于缅甸和越南北部，主要繁殖在中国东北和临近中国的俄罗斯。国内除宁夏、新疆、西藏、海南外均有分布。

白眉鹀 *Emberiza tristrami* Tristram's Bunting

体长 13~16cm　　常见的夏候鸟　　3 月下旬 ~ 4 月中旬迁来，9 月末 ~ 10 月迁离　　LC（无危）

雌鸟 / 谷国强 摄

雄鸟 / 孙晓明 摄

雌鸟 / 孙晓明 摄

形态特征： 耳羽栗色，顶冠纹灰色，颈部具明显的黑色粗点斑，下颊纹延至胸部，腰多棕色，尾侧多白色。繁殖期雄鸟的栗色耳羽和灰色顶冠、颈侧明显。雌鸟似非繁殖羽雄鸟，但色彩较淡且少特征。虹膜深褐色；上嘴黑色具灰色边缘，下嘴蓝灰色，基部粉红色；脚粉红色。

习性与分布： 栖息于低山丘陵、平原、河谷湿地等生境，尤喜长有稀疏灌木的林缘、沼泽草地，有时也出现在田间和居民附近的灌木草丛。主要食鳞翅目、鞘翅目和直翅目的昆虫及其幼虫，亦食草籽、谷物、球果等植物性食物。分布于喜马拉雅山脉西段、蒙古国东部及西伯利亚东部，越冬至朝鲜、日本南部及中南半岛北部。国内共 3 个亚种，分布在长白山区的为指名亚种 *E.f.fucata*。该亚种上体棕色较淡，背部黑纹较粗、明显，胸部栗色横带较窄，两胁棕色很浅，并杂以褐色细纹，见于除新疆、西藏、青海以外地区。

栗耳鹀 *Emberiza fucata* Chsetnut-eared Bunting

体长 15~16.5cm　常见的夏候鸟　4 月上中旬迁来，11 月上中旬迁离　LC（无危）

雄鸟 / 谷国强 摄

雌鸟 / 谷国强 摄

雄鸟非繁殖羽 / 白俭华 摄

形态特征：通体栗色具黑色条纹，眼圈儿皮黄色，耳羽及顶冠纹暗褐绿色，颊纹及耳羽边缘灰黑色，眉纹及第二道下颊纹皮黄色，上体褐色具深色纵纹，下体偏白，胸及两胁具黑色纵纹。雌鸟及雄鸟非繁殖羽色淡。无黑色头侧纹。虹膜深红褐色，嘴灰色，脚红褐色。

习性与分布：栖息于泰加林北部开阔苔原、森林，繁殖于欧洲极北部及亚洲北部，迁徙经过海拔 900m 以下低山丘陵、山脚平原的疏林、灌丛、草地生境，主要食草籽、谷物和浆果，亦食鞘翅目、膜翅目、半翅目、鳞翅目昆虫及其幼虫。越冬南迁至印度东北部及东南亚。国内分布于西藏以外全国各地，迁徙时常见于东北地区，越冬于南方和新疆西北部。

小鹀 *Emberiza pusilla* **Little Bunting**

体长 12~14cm　　常见的的旅鸟　　3 月末 ~ 5 月初和 9 月下旬 ~ 10 月中旬经过　　LC（无危）

雄鸟 / 谷国强 摄

雌鸟 / 谷国强 摄

形态特征：眉纹前半部黄色，后半部白色，颊纹白色，耳羽处具白斑，下体白色多纵纹，翼斑白色，腰斑驳，尾色较重。雄鸟脸颊、侧冠纹黑色，雌鸟为棕色。虹膜深褐色；上嘴褐色，下嘴肉色；脚粉色。

习性与分布：繁殖于俄罗斯贝加尔湖以北，栖息于海拔900m以下林缘灌丛、低矮植被的开阔地带，食杂草籽、谷物、浆果及昆虫。迁徙经中国东北、华北至华东各地，越冬于华南、华东地区以及四川东部、贵州东部。

黄眉鹀 *Emberiza chrysophrys* **Yellow-browed Bunting**

体长 14~16cm　不常见的旅鸟　3月末～4月中旬和9月末～10月末经过　LC（无危）

雌鸟繁殖羽 / 周树林 摄

雌鸟 / 蔡福禄 摄

雄鸟繁殖羽 / 周树林 摄

雄鸟非繁殖羽 / 谷国强 摄

雌鸟非繁殖羽 / 谷国强 摄

形态特征：雄鸟头具黑白条纹，头部斑块黑色较重，颈背、胸带、两胁具棕色纵纹，略具羽冠。雌鸟似非繁殖期雄鸟但白色部位色暗，染皮黄色的脸颊后方通常具一块近白色的点斑。虹膜深褐色，嘴深灰色，脚肉褐色。

习性与分布：栖息于海拔800m以下低山丘陵、山脚平原的疏林、灌丛和草丛生境。主要食草籽、植物嫩芽、浆果，亦食鳞翅目、鞘翅目等昆虫及其幼虫，繁殖于欧亚大陆北部的泰加林，迁徙经过东北地区，越冬于华北、西北、西南及长江中下游和东南沿海地区。

田鹀 *Emberiza rustica* **Rustic Bunting**

体长 15~16.5cm　　常见的旅鸟　　3月上旬～4月和10月末11月初经过　　VU（易危）

雄鸟非繁殖羽 / 周树林 摄

雄鸟繁殖羽 /NORA 摄

雄鸟繁殖羽 / 孙晓明 摄

雌鸟非繁殖羽 / 马立明 摄

雌鸟繁殖羽 / 孙晓明 摄

形态特征：腹部白色，雄鸟具前黑后黄短羽冠且喉部黄色，贯眼纹黑色宽阔，胸部黑色，上体、翼和腰棕红色，尾羽黑色而外缘白色。虹膜深栗色，嘴黑褐色，脚浅灰褐色。

习性与分布：栖息繁殖于开阔干燥的阔叶林及混交林或灌木林，喜活动于接近溪流的林缘、旷野、草坡生境。觅食于地面，食植物种子，繁殖期亦食昆虫和小型无脊椎动物。国内共 3 个亚种，分布在长白山区的为东北亚种 *E.e.ticehursti*。该亚种羽色最淡，背上黑纹较窄，棕色羽缘较宽，后颈和腰灰色亦淡，两胁纵纹较少，呈绿褐色，见于东北、西北、华北、西南、长江中下游和东南沿海各地。

黄喉鹀 *Emberiza elegans* Yellow-throated Bunting

体长 14~16cm　　常见的夏候鸟　　3 月末 4 月初迁来，9 月末 10 月初迁离　　LC（无危）

雌鸟 / 孙晓明 摄

雄亚成鸟 / 周树林 摄

雄鸟 / 孙晓明 摄

雄亚成鸟 / 周树林 摄

形态特征： 繁殖期雄鸟顶冠及颈背栗色，脸、眼先、喉黑色，黄色领环和黄色的胸腹部间隔有栗色胸带，翼角具明显白色横纹，尾和翅黑褐色。雌鸟眉纹皮黄色，上体棕褐色，具粗的黑褐色中央纵纹，腰和尾上覆羽栗红色，下体淡黄色，胸无横带。虹膜深栗褐色；上嘴黑褐色，下嘴粉褐色；脚淡褐色。

习性与分布： 栖息于海拔 800m 以下低山丘陵和开阔平原地带的疏林、灌丛、草甸、草地和林缘生境，尤喜溪流、湖泊和沼泽附近的灌丛、草地。繁殖于西伯利亚及中国东北，越冬至东南亚。国内共 2 个亚种，分布在长白山区的为东北亚种 *E.a.ornata*。该亚种上体栗褐色较暗，头顶黑色部分较大，几乎占头顶一半，背上黑纹较多，下体黄色沾绿，见于除新疆、西藏、青海、云南以外地区。

黄胸鹀　*Emberiza aureola*　Yellow-breasted Bunting

体长 14~16cm　不常见的夏候鸟　3 月中旬迁来，10 月上旬迁离　国家一级重点保护野生动物　CR（极危）

雄鸟 / 孙晓明 摄

雌鸟 / 孙晓明 摄

形态特征：繁殖期雄鸟头、上体及胸栗色而腹部黄色。雌鸟顶冠、上背、胸、两胁具深色纵纹，胸淡黄色。虹膜深褐色；上嘴黑褐色，下嘴肉色；脚肉褐色。

习性与分布：栖息于低矮灌丛、开阔针叶林、混交林及落叶林中，营巢于灌丛茂密的山坡，食草籽和昆虫。分布于西伯利亚南部及外贝加尔泰加林南部、东南亚。国内繁殖于东北地区，迁徙经华北、华中至东部地区和台湾，越冬于华南沿海地区。

栗鹀 *Emberiza rutila* **Chestnut Bunting**

体长 14~15cm　不常见的旅鸟　5 月中旬和 10 月下旬经过　LC（无危）

雌鸟育雏 / 丁世军 摄

雄鸟 / 丁世军 摄

雄鸟 / 孙晓明 摄

雌鸟 / 谷国强 摄

形态特征：繁殖期雄鸟头、颈、背及喉灰色，眼先及颏黑色，上体余部浓栗色具明显的黑色纵纹，下体浅黄或近白，胁部具纵纹，尾色深具白色边缘。雌鸟和雄鸟非繁殖期头橄榄色。虹膜深褐色；上嘴近黑并具浅色边缘，下嘴偏粉色且端部色深；脚粉褐色。

习性与分布：繁殖于海拔 600m 以上的阔叶林、针叶林或混交林下的灌丛，栖息于林缘、灌丛、草坡，尤喜活动于林间公路、河谷两侧的次生林和灌丛。繁殖于西伯利亚、日本、中国。国内共 3 个亚种，分布在长白山区的为指名亚种 *E.s. spodocephala*。该亚种头和胸绿灰色，喉无黄色，腹白沾黄色，见于西藏以外的全国各地。

灰头鹀 *Emberiza spodocephala* **Black-faced Bunting**

体长 14~16cm　常见的夏候鸟　3 月下旬迁来，10 月末 11 月初迁离　LC（无危）

雄鸟 / 谷国强 摄

雌鸟 / 谷国强 摄

雌鸟 / 谷国强 摄

形态特征：白色的下髭纹与黑色的喉、头成对比，颈圈白色而下体灰色，上体具灰色及黑色的纵纹，似芦鹀而上嘴型直而非凸型，尾较长。虹膜深栗色；上嘴灰黑色，下嘴肉色；脚粉褐色。

◆苇鹀和芦鹀鉴别：①大小不同：苇鹀小，14cm；芦鹀大，16cm。②嘴色不同：苇鹀非繁殖期上嘴灰黑色下嘴肉色，芦鹀上下嘴同色。③嘴型不同：苇鹀上嘴尖直细小，芦鹀上嘴凸型且大。④小覆羽颜色不同：苇鹀灰色，芦鹀棕色。⑤背部颜色不同：苇鹀黑色多棕色少，芦鹀棕色多黑色少。

习性与分布：栖息繁殖于西伯利亚冻原地带的林地灌丛，也栖息于森林上缘亚高山苔原，迁徙季主要栖息于海拔 800m 以下的平原和山脚地带的疏林、灌丛、草地、芦苇沼泽及农田。主要食芦苇种子、杂草种子和少量谷物，亦食越冬昆虫及虫卵。国内共 3 个亚种，分布于东北、西北、华北、华中、华东等地。分布长白山区的为东北亚种 *E.p.polaris*。该亚种背部颜色较暗，纵纹较多，广泛分布于东北、西北、华北、长江中下游及中南沿海地区。

苇鹀 *Emberiza pallasi* **Pallas's Bunting**

体长 13~14cm　常见的旅鸟　3 月末 4 月初和 10 月中旬经过　LC（无危）

雌鸟非繁殖羽 / 肖智 摄

雄鸟非繁殖羽 / 肖智 摄

雌鸟非繁殖羽 / 肖智 摄

雄鸟繁殖羽 / 薛立强 摄

形态特征： 繁殖期雄鸟头黑色，腰、颈、背棕色。繁殖期雌鸟头部似芦鹀但比芦鹀色淡且纵纹少，颈、背粉棕色，头顶及耳羽色深。非繁殖期雌雄相似但雄鸟喉色深。虹膜栗褐色，嘴灰黑色，脚偏粉色。

习性与分布： 栖息于海拔800m以下沼泽、灌丛、草甸生境。主要食禾本科植物种子，亦食鳞翅目、鞘翅目昆虫。营巢于地面和草丛。分布于东北亚，国内繁殖于黑龙江、吉林，迁徙经华北和华东地区，越冬于长江中下游地区，偶见于华南地区。

红颈苇鹀　*Emberiza yessoensis*　Ochre-rumped Bunting

体长 13.5~15cm　　不常见的夏候鸟　　4 月上旬迁来，10 月末至 11 月初迁离　　NT（近危）

雄鸟 / 王顺 摄

雌鸟 / 肖智 摄

雌鸟 / 肖智 摄

雌鸟 / 肖智 摄

形态特征：嘴较苇鹀厚，且上嘴凸形。雄鸟繁殖期头黑色，具显著的白色下髭纹，似苇鹀雄鸟，但上体多棕色。雌鸟似非繁殖期雄鸟，头部黑色几乎消失，头顶和耳羽具杂斑，眉线皮黄色，与苇鹀的区别在于小覆羽棕色而非灰色。虹膜栗褐色，嘴黑褐色，脚深褐色至粉褐色。

习性与分布：栖息于海拔 800m 以下的山脚平原地带，多在溪流边柳丛和高芦苇丛沼泽、湿地活动，冬季也在林地、田野及开阔原野取食。主要食草籽及谷物，亦食昆虫。国内共 7 个亚种，分布在长白山区的为东北亚种 *E.s.minor*。该亚种体型较大，下嘴不宽，体色较淡，羽色暗淡，广泛见于黑龙江西南部、吉林、辽宁、北京、天津、河北、山东、山西、江苏、内蒙古东北部。

芦鹀 *Emberiza schoeniclus* Reed Bunting

体长 15~17cm　　罕见的夏候鸟　　3 月上中旬迁来，11 上中旬月迁离　　LC（无危）

附录Ⅰ：长白山区国家一级重点保护野生鸟类

（共20种）

青头潜鸭（雄鸟） P40
青头潜鸭（雌鸟） P40
中华秋沙鸭 P51
东方白鹳 P55
黑鹳 P56
白枕鹤 P64
丹顶鹤 P66
白头鹤 P68
黄嘴白鹭 P73
黑脸琵鹭 P83
黑琴鸡（雄鸟） P131
黑琴鸡（雌鸟） P131
白尾海雕 P159
虎头海雕 P160
乌雕 P161
白肩雕 P162
金雕 P163
秃鹫 P165
猎隼 P172
毛腿渔鸮 P178
栗斑腹鹀（雄鸟） P332
栗斑腹鹀（雌鸟） P332
黄胸鹀（雄鸟） P339
黄胸鹀（雌鸟） P339

附录Ⅱ：长白山区国家二级重点保护野生鸟类

（共63种）

黑颈䴙䴘 P15
角䴙䴘 P16
赤颈䴙䴘 P17
大天鹅 P22
小天鹅 P23
鸿雁 P24
白额雁 P26
花脸鸭（雄鸟） P30
花脸鸭（雌鸟） P30
鸳鸯 P44
斑头秋沙鸭 P48
花田鸡 P59
斑胁田鸡 P60
蓑羽鹤 P65
灰鹤 P67
白琵鹭 P82
半蹼鹬 P98
小杓鹬 P101
大杓鹬 P103
白腰杓鹬 P104
翻石鹬 P111
大滨鹬 P111
花尾榛鸡（雄鸟） P132
花尾榛鸡（雌鸟） P132

鹗 P145　黑鸢 P146　凤头蜂鹰 P147　苍鹰 P148

雀鹰（雄鸟） P149　雀鹰（雌鸟） P149　日本松雀鹰（雄鸟） P150　日本松雀鹰（雌鸟） P150

灰脸鵟鹰 P151　大鵟 P152　普通鵟 P153　毛脚鵟 P154

鹊鹞（雄鸟） P155　鹊鹞（雌鸟） P155　白头鹞（雄鸟） P156　白头鹞（雌鸟） P156

白腹鹞（雄鸟） P157　白腹鹞（雌鸟） P157　白尾鹞（雄鸟） P158　白尾鹞（雌鸟） P158

鹰雕 P164　黄爪隼（雄鸟） P167　黄爪隼（雌鸟） P167　红隼（雄鸟） P168

红隼（雌鸟） P168　红脚隼 P169　灰背隼（雄鸟） P171　灰背隼（雌鸟） P171

燕隼 P170
游隼 P173
北领角鸮 P175
红角鸮 P176
雕鸮 P178
长尾林鸮 P179
乌林鸮 P180
灰林鸮 P181
日本鹰鸮 P181
纵纹腹小鸮 P182
长耳鸮 P183
短耳鸮 P184
猛鸮 P185
三趾啄木鸟（雄鸟） P210
三趾啄木鸟（雌鸟） P210
黑啄木鸟（雄鸟） P211
黑啄木鸟（雌鸟） P211
云雀 P238
震旦鸦雀 P264
红胁绣眼鸟 P265
红喉歌鸲（雄鸟） P284
红喉歌鸲（雌鸟） P284
蓝喉歌鸲（雄鸟） P285
蓝喉歌鸲（雌鸟） P285
北朱雀（雄鸟） P323
北朱雀（雌鸟） P323
红交嘴雀（雄鸟） P326
红交嘴雀（雌鸟） P326

中文名索引

学名索引

A

B

C

D

参考文献

郑光美，2017．中国鸟类分类与分布名录（第三版）【M】．北京：科学出版社．

段文科，张正旺，2017．中国鸟类图志（上卷、下卷）【M】．北京：中国林业出版社．

刘阳，陈水华．2021．中国鸟类观察手册【M】．长沙：湖南科学技术出版社．

聂延秋，2017．中国鸟类识别手册【M】．北京：中国林业出版社．

赵正阶，2001．中国鸟类志【M】．长春：吉林科学技术出版社．

赵正阶，1985．长白山鸟类志【M】．长春：吉林科学技术出版社．

傅桐生，高玮，宋榆钧，等，1984．长白山鸟类【M】．长春：东北师范大学出版社．

高玮，2006．中国东北地区鸟类及其生态学研究【M】．北京：科学出版社．

高玮，盛连喜，2002．中国长白山动物【M】．北京：北京科学技术出版社．

于国海，乔桂芬，2008．中国东北水鸟 101【M】．北京：中国摄影出版社．

孙晓明，2018．辽宁湿地生态图鉴【M】．哈尔滨：东北林业大学出版社．

后　　记

评价一种书，主要是看它给社会带来哪些效益。周树林同志主编的这部《长白山野生鸟类图鉴》，每一帧图片都带着摄影师的深深情意，蕴含着一段感人至深的故事。每个镜头定格的虽是一瞬间，表现出的生命张力却是永恒的，引发的思考是持久的。作者怀爱护鸟类之志，扬保护生态之帆，走过千山、趟过万水，历经千辛万苦，不畏艰险，方成此书。

习近平总书记指出："要把生态环境保护放在更加突出位置，像保护眼睛一样保护生态环境，像对待生命一样对待生态环境，在生态环境保护上一定要算大账、算长远账、算整体账、算综合账，不能因小失大、顾此失彼、寅吃卯粮、急功近利。"

我们要算算书中记录的内容所具有的科学价值、适用价值和经济价值。只有认清其价值，才能充分挖掘其价值，实现效益最大化。为此，有必要算一算出版此书的效益帐：

一算生态效益账。鸟类作为自然生态系统中的重要组织部分，在生态系统的自然平衡中起着举足轻重的作用。现代研究认为，所有鸟类的存在都是有价值的，有的表现为直接价值，有的表现为间接价值。如果某种鸟类出现过度捕猎，大幅减少甚或消亡，必将通过食物链的关系而使生态系统遭到破坏，产生的后果往往是不可逆的。鸟类被人类称为"森林卫士"名不虚传，它们中许多是森林害虫和鼠类的天敌，是天生的捕虫捕鼠高手。长白山的原始森林至今生态植被保存完好， 正是啄木鸟、各种雀类、鸫类、莺类等"森林卫士"的功劳。很多鸟类还是植物授粉的媒介及种子传播的使者，在植物的繁衍过程中起到了不可替代的作用，对生态系统的稳定性起着至关重要作用。

二算社会效益账。鸟类是人类的伙伴，有鸟类的地方总是宜人的。有些鸟类的羽毛艳丽多彩，有些鸟类鸣叫婉转动听，是人们喜爱的观赏鸟和宠物。很多鸟鸣似音乐，能舒缓人的神经系统，放松人的紧张情绪，使人产生愉悦感，起到醒脑安神的作用。有些鸟类是人类的帮手，可以帮助人类捕鱼、打猎。鸟类的飞行技巧及所特有的生理结构和功能，是仿生科学研究的重要领域。许多鸟还能准确地预报天气，为物候研究提供参考。鸟类在医药方面也是具有很大的潜在价值。

三算经济效益账。近年来，以观鸟、拍鸟为主的生态游成为新的旅游热点，仅在鸟网注册的会员就达 85 万人，尚有 2 倍以上的爱好者未在鸟网注册，初步估算全国观鸟、拍鸟人数 200 万左右，每年观鸟、拍鸟的消费，必将在一定程度上拉动内需，推动生态旅游事业和经济建设的进一步发展。

“天育物有时，地生财有限。”生态环境没有替代品，用之不觉，失之难存。出版此书的价值，恰恰体现在唤醒人们尊重自然之心，顺应自然之情，保护自然之行。为了达到此目的，本书的所有图片都是倾作者之所能拍摄的：色彩绚丽，或鲜亮或柔和；四时更迭，或清晨或暮霭；神态各异，或飞翔或静止；赏心悦目，或温馨或孤冷……此书的文字撰写，作者力求准确翔实、简洁质朴、明了易懂。

虽然作者尽心竭力想出版一部好书以飨读者，但纰漏之处在所难免，有的鸟种没有飞版，有的鸟种缺少亚成体，有的缺少非繁殖羽，有的鸟种缺少居留信息，尚有待进一步考证，个别图片尚未找到作者等，希望作者看到后及时与出版社联系答谢事宜，在此恳请谅解并表示感谢，待再版时一并补正。敬请读者批评指正！

白山市林业科学研究院院长、研究员

2021 年 6 月 28 日